"十三五"高等职业教育规划教材

计算机公共基础

熊世明　沈小波◎主编

胡昌杰◎主审

中国铁道出版社有限公司

CHINA RAILWAY PUBLISHING HOUSE CO., LTD.

内 容 简 介

计算机公共基础是大学生必修的一门公共基础课，可使学生掌握计算机基础知识和技能，并为学生学习其他计算机课程打下基础。

本书是根据全国计算机等级考试（一级 MS Office）要求，按照高职院校非计算机专业学生的培养目标，并依据当前高职院校新生的实际状况而编写的。

本书采用任务驱动的方式进行编写，共分为 6 个单元：计算机基础知识、Windows 7 操作系统、Word 2010 文字处理、Excel 2010 电子表格、PowerPoint 2010 演示文稿、计算机网络与Internet 应用。每个单元分若干个任务，每个任务按照"任务描述—相关知识—任务实施—同步训练"的顺序进行编写。

本书在内容组织上注意知识背景简介、操作步骤示例和应用技巧相结合，通过案例让学生即学即用，提高学生学习兴趣，增强实战技能。

本书适合作为高职院校非计算机专业计算机公共基础课的教材，也可作为全国计算机等级考试（一级 MS Office）的培训教材，还可作为办公自动化从业人员的参考用书。

图书在版编目（CIP）数据

计算机公共基础/熊世明，沈小波主编. —北京：中国
铁道出版社有限公司，2020.8
"十三五"高等职业教育规划教材
ISBN 978-7-113-27020-9

Ⅰ.①计… Ⅱ.①熊… ②沈… Ⅲ.①电子计算机-
高等职业教育-教材 Ⅳ.①TP3

中国版本图书馆 CIP 数据核字(2020)第 114141 号

书　　名：计算机公共基础
作　　者：熊世明　沈小波

策　　划：徐海英　　　　　　　　　　**编辑部电话：**（010）63551006
责任编辑：王春霞　　贾淑媛
封面设计：刘　颖
责任校对：张玉华
责任印制：樊启鹏

出版发行：中国铁道出版社有限公司（100054，北京市西城区右安门西街 8 号）
网　　址：http://www.tdpress.com/51eds/
印　　刷：中国铁道出版社印刷厂
版　　次：2020 年 8 月第 1 版　2020 年 8 月第 1 次印刷
开　　本：787 mm×1 092 mm　1/16　**印张：**14.25　**字数：**334 千
书　　号：ISBN 978-7-113-27020-9
定　　价：43.00 元

前　言

随着信息技术的飞速发展，计算机广泛应用于社会各个工作领域，特别是随着办公自动化程度的不断提高，熟练操作计算机和使用办公软件已经是高职院校学生必备的能力和素质。

编者根据多年教学经验，从办公软件应用的角度出发，以 Windows 7 操作系统和 Office 2010 办公软件为平台，以现代化企业办公中涉及的文件资料管理、文字处理、电子表格和演示文稿的使用及 Internet 的应用等为主线，通过设计具体的工作任务，引导学生进行实践演练，突出学生技能的培养，最终提升学生的计算机应用能力和职业化的办公能力。

本书具有如下几个特点：

（1）以实际任务为驱动，以工作过程为导向，通过真实的案例构建教学情景，教师在"做中教"，学生在"做中学"，实现"教、学、做"的统一。

（2）本书共分 6 个单元，内容分别为计算机基础知识、Windows 7 操作系统、Word 2010 文字处理、Excel 2010 电子表格、PowerPoint 2010 演示文稿、计算机网络与 Internet 应用。在内容设计上充分体现了知识的模块化、层次化和整体化，按照先易后难的顺序组织教学内容，符合初学者的认知规律。

（3）工作任务的设计突出职业场景，在给出任务描述后，提炼出完成任务涉及的相关知识点，然后给出任务的分析及具体实施过程，最后配有相应的同步训练，作为巩固练习之用。

（4）本书内容的选取兼顾全国计算机等级考试一级 MS Office 应用的具体要求。

本书由熊世明、沈小波担任主编，曹雁、纪辉进、金妮娅和付金灵担任副主编，胡昌杰担任主审，感谢胡昌杰为本书的出版所做的努力。

由于编者水平有限，书中难免有疏漏和不妥之处，敬请各位读者批评指正。

编　者

2020 年 6 月

目 录

单元 4 Excel 2010 电子表格

单元 **1**

计算机基础知识

电子计算机的诞生，使人类社会迈入了一个崭新的时代，进入了信息社会，彻底改变了人们的工作和生活方式，对人类的整个历史发展具有不可估量的影响。本单元介绍了计算机组成结构、信息存储方式、多媒体技术和信息安全技术。

知识目标

- 了解计算机。
- 掌握计算机组成与结构。
- 熟练掌握计算机的信息存储方式。
- 了解多媒体技术。
- 了解信息安全与计算机环保。

能力目标

- 知道计算机硬件的组成结构。
- 掌握计算机信息存储方式。
- 掌握二进制和其他进制之间的相互转换。

任务 1 了解计算机

任务描述

简述计算机的发展历程。

相关知识

1. 第一台计算机

1946 年 2 月，世界上第一台现代电子数字计算机 ENIAC(Electronic Numerical Integrator And Computer，电子数字积分计算机) 在美国宾夕法尼亚大学研制成功，开创了计算机科学的新纪元。它占地 170 m^2，重达 30 t，耗电功率约 150 kW · h，每秒可进行 5 000 次运算。被美国国防部用来进行弹道计算,如图 1-1 所示。

图 1-1　世界上第一台计算机

第一台电子计算机的发明是科研人员共同努力的成果,而其中数学家冯·诺依曼的设计思想发挥了重要作用,所以冯·诺依曼(见图 1-2)被称为现代计算机之父。

2．计算机的发展

根据使用的电子元器件不同,电子计算机的发展大致划分为以下几个阶段。

(1)电子管数字计算机(1946—1958 年)

在硬件方面,逻辑元件采用的是真空电子管,外存储器采用的是磁带。特点是体积巨大、功耗高、可靠性差,运算速度慢、价格昂贵,主要应用在科学和工程计算,但为以后的计算机发展奠定了基础。

(2)晶体管计算机(1958—1964 年)

图 1-2　冯·诺依曼

晶体管计算机体积减少、耗电量降低、运算速度提高、价格下降,性能比第一代计算机有很大的提高。主要应用在科学计算、事务管理、工业控制等领域。

(3)中小规模集成电路计算机(1964—1970 年)

在硬件方面,采用中、小规模集成电路。软件方面出现了分时操作系统以及结构化、规模化程序设计方法。特点是速度更快,而且可靠性有了显著提高,产品走向了通用化、系列化和标准化等。应用领域开始进入文字处理和图形图像处理领域。

(4)大规模、超大规模集成电路计算机(1971—至今)

在硬件方面,采用大规模和超大规模集成电路。软件方面出现了数据库管理系统等。1971年,世界上第一台微处理器在美国硅谷诞生,开创了微型计算机的新时代。应用领域从科学计算、事务管理、过程控制逐步走向家庭。

3. 计算机的特点、分类及应用

（1）特点

运算速度快、计算能力强。计算机的运算速度通常用每秒钟执行定点加法的次数或平均每秒执行指令的条数来衡量。

计算精度高、数据准确度高。在科学研究和工程设计中，对计算结果的精度有很高的要求。一般的计算工具只能达到几位有效数字，而计算机对数据的结果精度可达到十几位、几十位有效数字，根据需要甚至可达到任意的精度。

具有超强的记忆和逻辑判断能力，存储容量大。计算机的存储器可以存储大量数据，这使计算机具有了"记忆"功能。目前，计算机的存储容量越来越大，已高达千吉数量级的容量。计算机具有"记忆"功能，这是与传统计算工具的一个重要区别。

自动化程度高。由于计算机的工作方式是将程序和数据先存放，工作时按程序规定的操作，一步一步地自动完成，一般无须人工干预，因而自动化程度高。这个特点是一般计算工具所不具备的。

（2）分类

按照计算机性能指标划分为以下几个大类。

超级计算机：又称巨型机，通常由数百、数千甚至更多的处理器组成，能承担普通微型机、服务器不能完成的大型复杂课题，多用于高精尖科技研究领域，如战略武器开发、空间技术、天气预报等，是综合国力的重要标志。截至目前，我国拥有205台超级计算机，已经走到了世界超级计算机的前列。"云计算""紫光云""神威"等超级计算机已经超越了国际领先的领域，广泛应用在科技领域，如处理卫星反馈的数据、中国天眼收集到的宇宙之音的大量数据的分析、运算，北斗系统的数据处理，还有通信、信息、邮件、电话等数据的分析处理工作。超级计算机（见图 1-3）将担负起"数字中国"的重要保障，影响和促进世界计算机朝着更高的水准前行。

图 1-3 超级计算机

大型机：具有极强的综合处理能力和极大的性能覆盖面，主要应用于政府部门、银行、大型企业，如图 1-4 所示。

图 1-4　大型机

小型机：是指采用 8～32 个处理器，性能和价格介于微型机服务器和大型主机之间的一种高性能 64 位计算机。这种计算机规模比大型机要小，但仍能支持几十个用户同时使用，适合于中小型企事业单位，如图 1-5 所示。

微型机：简称微机，是应用最普及、产量最大的机型，其体积小、功耗低、成本少、灵活性大、性能价格比明显优于其他类型的计算机。微机按结构和性能可划分为单片机、单板机、个人计算机（Personal Computer，PC，包括台式微机和便携式微机）、工作站和服务器等，如图 1-6 所示。

图 1-5　小型机

图 1-6　微型机

（3）应用

信息处理。是目前计算机应用最广泛的一个领域。可利用计算机来加工、管理与操作任何形式的数据资料，如企业管理、物资管理、报表统计、账目计算、信息情报检索等。

科学计算。早期的计算机主要用于科学计算。科学计算仍然是计算机应用的一个重要领域。如高能物理、工程设计、地震预测、气象预报、航天技术等。

过程控制。利用计算机对工业生产过程中的某些信号自动进行检测，并把检测到的数据存入计算机，再根据需要对这些数据进行处理。这样的系统称为计算机检测系统，比如导弹发射。

计算机辅助系统。如计算机辅助设计、制造、测试（CAD/CAM/CAT），可用计算机辅助进行工程设计、产品制造、性能测试。

人工智能。开发一些具有人类某些智能的应用系统，用计算机来模拟人的思维判断、推理等智能活动，使计算机具有自学习适应和逻辑推理的功能，如计算机推理、智能学习系统、专家系统、机器人等。

网络应用。计算机技术与现代通信技术的结合构成了计算机网络。如一个地区、一个国家中计算机与计算机之间的通信，各种软硬件资源的共享，也大大促进了国际间的文字、图像、视频和声音等各类数据的传输与处理。

4．计算机的发展趋势

高速超导计算机：高速超导计算机的耗电仅为半导体器件计算机的几千分之一，它执行一条指令只需十亿分之一秒，比半导体元件快几十倍。以目前的技术制造出的超导计算机的集成电路芯片只有 $3\sim5\ \text{mm}^2$ 大小。

量子计算机：量子计算机是利用原子所具有的量子特性进行信息处理的一种全新概念的计算机，其运算速度可能比奔腾 4 芯片快 10 亿倍。

光子计算机：光子计算机是一种由光信号进行数字运算、逻辑操作、信息存储和处理的新型计算机，其运算速度每秒钟可达一万亿次，存储容量是现代计算机的几万倍，还可以对语言、图形和手势进行识别与合成。

分子计算机：分子计算机体积小、耗电少、运算快、存储量大，其运算过程是蛋白质分子与周围介质相互作用的过程。分子计算机的运行速度比人的思维速度快 100 万倍，其消耗的能量极小，只有电子计算机的十亿分之一。

纳米计算机：应用纳米（$1\ \text{nm}=10^{-9}\text{m}$，大约是氢原子直径的 10 倍）技术研制的计算机内存芯片，其体积只有数百个原子大小，相当于头发丝直径的千分之一。纳米计算机是用纳米技术研发的新型高性能计算机，它几乎不耗费任何能源，性能要比今天的计算机强大许多倍。

任务实施

1．任务分析

本任务是学习了计算机发展历程之后，小组内讨论并互相讲解补充。

2．任务实现

首先，认真听老师讲解；其次，仔细研读课本；最后，小组内讨论并互相讲解补充。

同步训练

针对量子计算机、光子计算机、分子计算机和纳米计算机，上网查阅相关资料。

任务 2　认识计算机的系统组成

任务描述

前面我们知道了计算机的发展、特点和应用，那么如何使用计算机来帮助我们完成工作呢？首先需要认识计算机的组成结构和工作原理，也就是计算机的内部构造是什么、如何工作。

相关知识

1．计算机系统组成

一个完整的计算机系统包括硬件系统和软件系统两大部分。硬件系统是组成计算机系统的各种物理设备的总称，是计算机系统的物质基础。软件系统是为了运行、管理和维护计算机而编写的各种程序、数据和相关文档的总称，如图 1-7 所示。

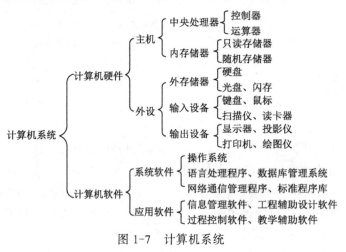

图 1-7　计算机系统

（1）计算机硬件

计算机硬件系统由控制器、运算器、存储器、输入设备和输出设备 5 大功能部件组成，其结构如图 1-8 所示，元器件如图 1-9 所示。

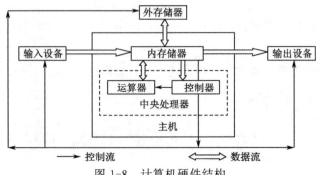

图 1-8　计算机硬件结构

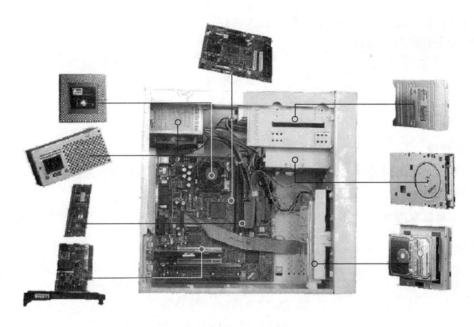

图 1-9　元器件

（2）计算机软件

计算机软件分为系统软件和应用软件。

系统软件为无须用户干预的各种程序的集合，其主要功能是进行调度、监控和维护计算机系统；负责管理计算机系统中的硬件，使它们协调工作。主要包括操作系统、语言处理程序和数据库管理系统。

应用软件包括各种程序设计语言，以及用程序设计语言编制的应用程序。比如办公软件WPS、通信工具 QQ 等。

（3）硬件和软件之间的关系

硬件和软件是计算机系统中相互依存、协同发展的。没有软件的计算机就是一堆无灵魂的废铁；没有硬件，那么软件将无所适从。

2．计算机工作原理

世界上第一台计算机的诞生，和数学家冯·诺依曼的贡献密不可分。1945 年，冯·诺依曼提出了关于计算机组成和工作方式的基本设想：

- 计算机应包括运算器、控制器、存储器、输入设备和输出设备 5 大基本部件。
- 计算机内部应采用二进制来表示指令和数据。每条指令一般具有一个操作码和一个地址码。其中，操作码表示运算性质，地址码定义操作数在存储器中的地址。
- 将编写好的程序和原始数据存入内存储器中，然后启动计算机工作，计算机应在不需操作人员干预的情况下，自动逐条取出指令和执行任务。

下面详细说明计算机的工作流程：

- 编程人员编写程序。
- 用户将程序安装在计算机外部存储器上。
- 用户运行程序的指令。

- 计算机将程序运行需要的代码和数据载入内存。
- CPU 根据程序指令进行运算。
- 计算机输出最终结果。
- 计算机完成处理工作，准备返回接收下一条指令。

任务实施

1. 任务分析

学习计算机系统组成并深入理解，能够以图示的方式讲解计算机运行原理。

2. 任务实现

首先，认真听老师讲解；其次，仔细研读课本；最后，小组内讨论并互相讲解补充。

同步训练

网上查找数学家冯·诺依曼的详细资料，说一说为什么他被称为数学家。

任务 3　认识计算机的信息存储

任务描述

在计算机中采用二进制存储数据，指令、数据、图形、声音等信息，都必须转换成二进制编码形式，才能存入计算机中。计算机所表示和使用的数据可分为两大类：数值数据和字符数据。数值数据用于表示量的大小、正负，如整数、小数等。字符数据也叫非数值数据，用以表示一些符号、标记，如英文字母 A~Z、a~z，数字 0~9，各种专用字符，如+、-、*、/、[、]、(、)及标点符号等。

相关知识

1. 数制基础

（1）十进制计数制

十进制计数法是"逢十进一"，任意一个十进制数值可用 0、1、2、3、4、5、6、7、8、9 共 10 个数字符中的数字符串来表示。在十进制数中，同一个数码在不同的位置代表的数值是不同的，如十进制数 289.34 可以表示成如下形式：

$$289.34=2 \times 10^2+8 \times 10^1+9 \times 10^0+3 \times 10^{-1}+4 \times 10^{-2}$$

上式称为数值的按权展开式，其中 10^i 称为十进制的权，10 称为基数。

（2）R 进制计数制

从对十进制计数制的分析可以得出：如果用 R 个基本符号（如 0，1，2，…，$R-1$）来表示数值，则称其为 R 进制，R 称为该数制的基数，R^i 称为权（i 为整数，如 3，2，1，0，-1，-2，…）。

为区分不同数制的数，书中约定对于任一 R 进制的数 N，记作：$(N)_R$。如 $(1011)_2$、$(653)_8$、$(6CD12)_{16}$，分别表示二进制数 1011、八进制数 653 和十六进制数 6CD12。不用括号及下标的数，默认为十进数，如 389。人们也习惯在一个数的后面加上字母 D（十进制）、B（二进制）、O（八进制）、H（十六进制）来表示其前面的数用的是什么进位制。如 1011B 表示二进制数 1011，D13H 表示十六进制数 D13。

（3）二进制（Binary）

任意一个二进制数可用 0、1 两个数字符组合的数字字符串来表示，它的基数 $R=2$。二进制计数法是"逢二进一"，如二进制数 110.11 的按权展开式为：

$$110.11B=1\times2^2+1\times2^1+0\times2^0+1\times2^{-1}+1\times2^{-2}=6.75D$$

（4）八进制（Octal）

任意一个八进制数可用 0、1、2、3、4、5、6、7 八个数字符组合的数字字符串来表示，它的基数 $R=8$。八进制计数法是"逢八进一"，如八进制数 254 的按权展开式为：

$$254O=2\times8^2+5\times8^1+4\times8^0=172D$$

（5）十六进制（Hexadecimal）

任意一个十六进制数可以用 0、1、2、3、4、5、6、7、8、9、A、B、C、D、E、F 十六个数字符组合的数字字符串来表示，它的基数 $R=16$。十六进制计数法是"逢十六进一"，如十六进制数 A8C 的按权展开式为：

$$A8CH=10\times16^2+8\times16^1+12\times16^0=2700D$$

2. 数制转换

在计算机中常用的进位计数制是十进制、二进制、八进制和十六进制，表 1-1 列出了十进制、二进制、八进制和十六进制数的对照表。

表 1-1 常用计数制数的对照表

十进制	二进制	八进制	十六进制	十进制	二进制	八进制	十六进制
0	0000	0	0	8	1000	10	8
1	0001	1	1	9	1001	11	9
2	0010	2	2	10	1010	12	A
3	0011	3	3	11	1011	13	B
4	0100	4	4	12	1100	14	C
5	0101	5	5	13	1101	15	D
6	0110	6	6	14	1110	16	E
7	0111	7	7	15	1111	17	F

（1）非十进制数转换成十进制数

利用按权展开的方法，可以把任意数制的一个数转换成十进制数。下面是将二进制、八进制和十六进制数转换为十进制数的例子。

【例 1-1】将二进制数 1101.101 转换成十进制数。

$$1101.101B=1\times2^3+1\times2^2+0\times2^1+1\times2^0+1\times2^{-1}+0\times2^{-2}+1\times2^{-3}$$
$$=8+4+0+1+0.5+0.125=13.625$$

【例 1-2】将八进制数 345 转换成十进制数。

$$345O=3\times8^2+4\times8^1+5\times8^0=192+32+5=229$$

【例 1-3】 将十六进制数 6CA 转换成十进制数。

$6CAH = 6 \times 16^2 + 12 \times 16^1 + 10 \times 16^0 = 1536 + 192 + 10 = 1738$

由上述例子可见，只要掌握了数制的概念，那么将任一 R 进制的数转换成十进制数的方法是一样的。

（2）十进制整数转换成二进制数

把十进制整数转换成二进制整数的方法是"除二取余"法。把被转换的十进制整数反复地除以 2，直到商为 0，所得的余数就是这个数的二进制。

【例 1-4】 将十进制整数 221 转换成二进制整数。

2	221	1	低
2	110	0	
2	55	1	
2	27	1	
2	13	1	
2	6	0	
2	3	1	
2	1	1	高
	0		

即 221=11011101B。

学习了十进制整数转换成二进制整数后，由此类推，十进制整数转换成八进制整数的方法是"除 8 取余"法，十进制整数转换成十六进制整数的方法是"除 16 取余"法。

（3）二进制数与十六进制数间的相互转换

由于二进制的基数与十六进制的基数有着整数幂的关系，每四位二进制数可对应一位十六进制数，其对照关系如表 1-1 所示。

① 二进制数转换成十六进制数。将一个二进制数转换成十六进制数的方法是：以小数点为界向两边每四位为一组，整数不足部分在最高位补 0，小数不足部分在最低位补 0，然后计算出每组对应的十六进制的值。

【例 1-5】 将二进制数 111110.101101B 转换成十六进制数。

```
0011    1110 . 1011    0100
  ↓       ↓      ↓        ↓
  3       E   .  B        4
```

即 111110.101101B=3E.B4H。

② 十六进制数转换成二进制数。将十六进制数转换成二进制数，其过程与二进制数转换成十六进制数相反，再将每一位十六进制数字代之以与其等值的四位二进制数即可。

【例 1-6】 将 6BCH 转换成二进制数。

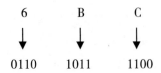

```
  6         B         C
  ↓         ↓         ↓
0110      1011      1100
```

即 6BCH=11010111100B。

（4）二进制数与八进制数间的相互转换

① 二进制数转换成八进制数。将一个二进制数转换成八进制数的方法是：以小数点为界向两边每三位为一组，整数不足部分在最高位补 0，小数不足部分在最低位补 0，然后计算出每组对应的八进制的值。

【例1-7】将二进制数 11110.1011B 转换成八进制数。

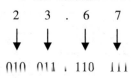

即 11110.1011B=36.54O。

② 八进制数转换成二进制数。将八进制数转换成二进制数，其过程与二进制数转换成八进制数相反，再将每一位八进制数字代之以与其等值的三位二进制数即可。

【例1-8】将八进制数 23.67O 转换成二进制数。

```
  2    3 .  6    7
  ↓    ↓    ↓    ↓
010  011 . 110  111
```

即 23.67O=10011.110111B。

3．数据编码

计算机除了用于数值计算外，还有其他许多方面的应用。例如，当要用计算机编写文章时，就需要将文章中的各种符号、英文字母、汉字等输入计算机，然后由计算机编辑排版。因此，计算机处理的不只是一些数值，还要处理大量符号，如英文字母、汉字等非数值的信息。

（1）西文字符的编码

如前所述，计算机中的信息都是用二进制编码表示的。用以表示字符的二进制编码称为字符编码。计算机中最常用的字符编码是美国标准信息交换码（American Standard Code for Information Interchange），简称为 ASCII 码。

ASCII 码被国际标准化组织指定为国际标准。ASCII 码有 7 位码和 8 位码两种版本。国际上通用的是 7 位 ASCII 码，用 7 位二进制数 $b_6b_5b_4b_3b_2b_1b_0$ 表示一个字符的编码，共有 2^7=128 个不同的编码值，相应可以表示 128 个字符。7 位 ASCII 码表如表 1-2 所示，表中每个字符都对应一个数值，称为该字符的 ASCII 码值。如数字“0”的 ASCII 码值为 0110000B，字母“A”的码值为 1000001B，“a”的码值为 1100001B 等。

（2）汉字的编码

ASCII 码只对英文字母、数字和标点符号作编码。为了用计算机处理汉字，同样也需要对汉字进行编码。从汉字编码的角度看，计算机对汉字信息的处理过程实际上是各种汉字编码间的转换过程。这些编码主要包括：汉字输入码、汉字内码、汉字字形码、汉字地址码及汉字信息交换码等。

① 汉字信息交换码（国标码）。汉字信息交换码是用于汉字信息处理系统之间或者与通信系统之间进行信息交换的编码，简称交换码，也叫国标码。我国 1980 年颁布了国家标准——《信息交换用汉字编码字符集—基本集》，代号“GB 2312—1980”，即国标码。

表 1-2　标准 ASCII 码字符集

$b_3b_2b_1b_0$ ＼ $b_6b_5b_4$	000	001	010	011	100	101	110	111
0000	NUL	DLE	SP	0	@	P	、	p
0001	SOH	DC1	!	1	A	Q	a	q
0010	STX	DC2	"	2	B	R	b	r
0011	ETX	DC3	#	3	C	S	c	s
0100	EOT	DC4	$	4	D	T	d	t
0101	ENQ	NAK	%	5	E	U	e	u
0110	ACK	SYN	&	6	F	V	f	v
0111	BEL	ETB	'	7	G	W	g	w
1000	BS	CAN	(	8	H	X	h	x
1001	HT	EM	)	9	I	Y	i	y
1010	LF	SUB	*	:	J	Z	j	z
1011	VT	ESC	+	;	K	[	k	{
1100	FF	FS	,	<	L	\	l	|
1101	CR	GS	–	=	M	]	m	}
1110	SO	RS	.	>	N	↑	n	~
1111	SI	US	/	?	O	→	o	DEL

在国标码的字符集中共收录了 7 445 个字符编码。其中 682 个非汉字字符（图形、符号）和 6 763 个汉字的代码。汉字代码中又有一级常用汉字 3 755 个，按汉语拼音字母顺序排列；二级汉字 3 008 个，按偏旁部首排列。一个国标码用 2 个字节来表示。

② 汉字输入码。为将汉字输入计算机而编制的代码称为汉字输入码，也叫外码。目前，汉字主要是经标准键盘输入计算机的，所以汉字输入码都是由键盘上的字符或数字组合而成。如用全拼输入法输入"中"字，就要输入代码"zhong"，再选字。汉字输入码是根据汉字的发音或字形结构等多种属性和汉语有关规则编制的，目前流行的汉字输入码的编码方案已有很多，如全拼输入法、双拼输入法、五笔字型输入法等。全拼输入法和双拼输入法是根据汉字的发音进行编码的，称为音码；五笔字型输入法是根据汉字的字形结构进行编码的，称为形码。

对于同一个汉字，不同的输入法有不同的输入码。例如："中"字的全拼输入码是"zhong"，而五笔型的输入码是"kh"。这种不同的输入码通过输入字典转换统一到标准的国标码之下。

③ 汉字内码。汉字内码是为在计算机内部对汉字进行存储、处理和传输而编制的汉字代码。当一个汉字输入计算机后就转换为内码，然后才能在机器内流动、处理。汉字内码的形式也多种多样。目前，对应于国标码，一个汉字的内码也用 2 个字节存储，并把每个字节的最高二进制位置"1"作为汉字内码的标识，以免与单字节的 ASCII 码产生歧义。如果用十六进制来表述，就是把汉字国标码的每个字节上加一个 80H（即二进制数 10000000）。所以，汉字的国标码与其内码有下列关系：

$$汉字内码=汉字的国标码+8080H$$

例如，已知"中"字的国标码为 5650H，则根据上述公式得：

$$\text{"中"字的内码} = \text{"中"字的国标码 } 5650H + 8080H = D6D0H$$

④ 汉字字形码。经过计算机处理的汉字信息，如果要显示或打印出来阅读，则必须将汉字内码转换成人们可读的方块汉字。每个汉字的字形信息是预先存放在计算机内的，常称汉字库。汉字内码与汉字字形一一对应。输出时，根据内码，在字库中查到其字形描述信息，然后显示或打印输出。描述汉字字形的方法主要有点阵字形和轮廓字形两种。

点阵字形方法比较简单。不论汉字的笔画多少，都规范在同样大小的范围内书写，把规范的方块再分割成许多小方块来组成一个点阵，这些小方块就是点阵中的一个点，即二进制的一个位。每个点由"0"和"1"表示"白"和"黑"两种颜色。一个汉字信息系统具有的所有汉字字形码的集合就是该系统的汉字库。根据对输出汉字精美程度的要求不同，汉字点阵的多少也不同，点阵越大输出的字形越精美。简易型汉字为 16×16 点阵，多用于显示；提高型为 24×24 点阵、32×32 点阵、48×48 点阵、64×64 点阵等，多用于打印输出。

轮廓字形方法比点阵字形复杂。一个汉字中笔画的轮廓可用一组曲线来勾画，它采用数学方法来描述每个汉字的轮廓曲线。中文 Windows 下广泛应用的 TrueType 字形就是采用轮廓字形法。这种方法的优点是字型精度高，且可以任意放大、缩小而不产生锯齿现象；缺点是输出之前必须经过复杂的数学运算处理。

⑤ 汉字地址码。汉字地址码是指汉字库（这里主要指整字形的点阵式字模库）中存储汉字字形信息的逻辑地址码。汉字库中，字形信息都是按一定的顺序（大多数按标准汉字交换码中汉字的排列顺序）连续存放在存储介质上，所以汉字地址码也大多是连续有序的，而且与汉字内码间有着简单的对应关系，以简化汉字内码到汉字地址码的转换。

📋 任务实施

1. 任务分析

找到不同进制相互转化的规律。

2. 任务实现

首先，认真听老师讲解和演示；其次，将课本的例题自己重新完成。

📱 同步训练

将十进制转换为二进制的方法，除了除 2 取余法以外，还有没有更简单的方法？说一说，做一做。

任务 4 认识多媒体技术

💻 任务描述

多媒体包括文本、图形、静态图像、声音、动画、视频剪辑等基本要素。计算机应用中，多媒体应用越来越广泛。仔细想想，手机、网络电视为什么能非常流畅地播放呢？

📖 相关知识

1.多媒体的概念

媒体在计算机领域中有两种含义：一是指用以存储信息的实体，如磁带、磁盘等；另一种是指信息的载体，如文字、图像和声音等。多媒体计算机技术中的"媒体"是指第二种含义。多媒体技术是指利用计算机技术把文本、声音和图像等多媒体信息综合一体化，使它们建立起逻辑联系，并能进行加工处理的技术。这里所说的"加工处理"主要是指对这些媒体信息的录入、压缩、解压缩、存储等。

2.多媒体的特征

与传统的媒体相比，多媒体有以下几个突出的特征：

（1）数字化

数字化是指各种媒体信息都是以数字形式在计算机中进行存储、处理和传输。

（2）集成性

多媒体技术的集成性是指将多种媒体有机地组织在一起，共同表达一个完整的多媒体信息，使声、文、图、像等一体化。

（3）交互性

交互性是指人能方便地与系统进行交流，以便对系统的多媒体处理功能进行控制。例如，能随时点播辅助教学中的音频、视频片断等。交互性是多媒体技术的关键特征。

多媒体还有其他一些特征，但集成性和交互性是其中最重要的，是多媒体的精髓。

3.多媒体信息处理关键技术

多媒体的实质是将以不同形式存在的各种媒体信息数字化，然后用计算机对它们进行组织、加工，并以我们期望的形式提供给用户使用。

多媒体与纯文字的情况不同。多媒体有极大的数据量并要求媒体之间高度协调（如声、像完全同步）。因此，对多媒体的处理和在网络上的传输，在技术上是比较复杂的。下面重点介绍两种多媒体信息处理中的关键技术。

（1）数据压缩技术

多媒体信息数字化后，数据量往往非常庞大，庞大的数据量，给图像的传输、存储以及读出造成了难以克服的困难。所以，需要对图像进行压缩处理。图像压缩就是在没有明显失真的前提下，将图像的位图信息转变成另外一种能将数据量缩减的表达形式。数据压缩可以分为无损压缩和有损压缩两种。

① 无损压缩是指压缩后的数据能够完全还原成压缩前的数据，无损压缩用于要求重构的信号与原始信号完全相同的场合。

② 有损压缩是指压缩后的数据不能够完全还原成压缩前的数据，有损压缩适用于重构信号不一定非要与原始信号完全相同的场合。例如，对于图像、视频和音频数据的压缩就可以采用有损压缩，这样可以大大提高压缩比，而人的感官仍不至于对原始信号产生误解。

（2）多媒体信息存储技术

信息的组织和管理是一个较为复杂的系统，涉及对信息的输入、编辑、存储等。数字化的多媒体信息虽然经过了压缩处理，但仍需要相当大的存储空间，所以数据压缩技术只有和大容量的光盘、硬盘相结合，才能初步解决语音、图像和视频等多媒体信息的存储问题。

数字化数据存储的介质有：磁盘、光盘和磁带等。目前，在微机上，硬盘的容量已达到几百 GB，可以满足多媒体数据的存储；在一些大型服务器中，使用多台磁盘机或光盘机组成的快速、超大容量外存储器系统来存储大量的多媒体数据。

另外，多媒体网络技术、超大规模集成电路制造技术、多媒体数据库技术等也是处理多媒体信息的主要技术。

4．多媒体应用

多媒体的应用领域十分广泛，下面列举几个主要的应用领域。

（1）教育与培训

多媒体在教育中的应用，是多媒体最重要的应用之一。利用多媒体的集成性和交互性，编制出的计算机辅助教学软件，能给学生创造出图文并茂、有声有色的教学环境，激发学生的学习积极性和主动性，提高学生学习的兴趣和效率。

（2）电子出版

多媒体技术和计算机技术的普及极大地促进了电子出版业的发展。电子图书具有容量大、体积小、成本低等特点，而且集文字、图画、图像、声音、动画和视频于一身，普通图书无法与之相比。

（3）Internet 上的应用

多媒体技术在 Internet 上的应用，是其最成功的应用之一。Internet 的兴起与发展，在很大程度上对多媒体技术的进一步发展起到了促进的作用。

任务实施

1．任务分析

结合实际生活，多媒体技术无处不在。手机、网络电视之所以流畅地播放视频、音频，其中最重要的技术就是压缩编码。

2．任务实现

首先，教师讲解；其次，小组讨论。

同步训练

课后网上查找资料，有哪些有损压缩方法？有哪些无损压缩方法？

任务 5　认识计算机病毒

任务描述

大家在使用计算机时，经常会出现这样那样的问题，请教行家，会说"你的计算机中毒了"。计算机也会中毒？怎么回事呢？让我们一起来探个究竟吧！

相关知识

1．计算机病毒

计算机领域引入"病毒"的用法，只是对生物学病毒的一种借用，用以形象地刻画这些"特殊程序"的特征。计算机病毒，是指编制或者在计算机程序中插入的、破坏计算机功能或者毁坏数据、影响计算机使用，并能自我复制的一组计算机指令或者程序代码。

2．计算机病毒的特性

计算机病毒是一种特殊的程序，与其他程序一样可以存储和执行，但它具有其他程序没有的特性。计算机病毒具有以下特性：

（1）传染性

计算机病毒的传染性是指病毒具有把自身复制到其他程序中的特性。病毒可以附着在程序上，通过磁盘、光盘、计算机网络等载体进行传染，被传染的计算机又成为病毒的生存环境及新传染源。

（2）潜伏性

计算机病毒的潜伏性是指计算机病毒具有依附其他媒体而寄生的能力。计算机病毒可能会长时间潜伏在计算机中，病毒的发作是由触发条件来确定的，在触发条件不满足时，系统没有异常症状。

（3）破坏性

计算机系统被计算机病毒感染后，一旦条件满足时病毒发作，就在计算机上表现出一定的症状。其破坏性包括：占用 CPU 时间，占用内存空间，破坏数据和文件，干扰系统的正常运行。病毒破坏的严重程度取决于病毒制造者的目的和技术水平。

（4）变种性

某些病毒可以在传播的过程中自动改变自己的形态，从而衍生出另一种不同于原版病毒的新病毒，这种新病毒称为病毒变种。有变形能力的病毒能更好地在传播过程中隐蔽自己，使之不易被反病毒程序发现及清除。有的病毒能产生几十种变种病毒。

3．计算机病毒的分类

计算机病毒分类的方法很多，按照破坏性可分为恶性病毒和良性病毒。按照感染方式可分为引导区型病毒、文件型病毒、混合型病毒、宏病毒、Internet 病毒（网络病毒）。

（1）引导区型病毒

引导区型病毒通过读取 U 盘、光盘等移动存储介质感染硬盘的主引导记录，当硬盘的主引导记录感染病毒后，病毒会感染计算机中进行读/写的每个移动盘的引导区。

（2）文件型病毒

文件型病毒主要感染扩展名为.com、.exe、.drv、.sys 等可执行文件。通常寄生在文件的首部或尾部，并修改程序的第一条指令。

（3）混合型病毒

混合型病毒既感染磁盘的引导区，也可感染可执行文件。这类病毒兼有以上两种病毒的特点，存活率和破坏性比以上两种病毒都强。

（4）宏病毒

宏病毒是寄生在 Microsoft Office 文档或模板宏中的病毒。它只感染 Word 文档文件或模板文件，与操作系统没有特别的关联。它能通过 E-mail 下载 Word 文档附件等途径传播。它使文件不能正常打开、修改文件名或存储路径等，最终导致文件不可用。

（5）Internet 病毒（网络病毒）

Internet 病毒大多是通过网络传播的，特别是 E-mail。"黑客"利用通信软件，通过非法手段进入他人计算机系统，盗取或篡改数据，危害计算机安全。

计算机安全是指计算机资产安全，即计算机信息系统资源和信息资源不受自然和人为有害因素的威胁和危害。一般说来，安全的系统会利用一些专门的安全特性来控制对信息的访问，只有经过适当授权的人，或者以这些人的名义进行的进程可以读、写、创建和删除这些信息。用户如果不小心执行了 E-mail 中附带的"黑客程序"，它就会驻留在内存，一旦该计算机联入网络，"黑客"就可以对该计算机系统"为所欲为"。因此，为防止外来的"黑客"，一般会在计算机安全设置时停用 Guest 账号，拒绝陌生人的访问。在网络中采用"防火墙"这种隔离技术，将内部网和公众访问网（如 Internet）分开。"防火墙"是指为了增强机构内部网络的安全性而设置在不同网络或网络安全域之间的一系列部件的组合。它可以监测、限制、更改跨越防火墙的数据流，尽可能地对外部屏蔽网络内部的信息、结构和运行状况，以此来实现网络的安全防护。

4．计算机病毒的危害

计算机病毒的危害是多方面的，归纳起来，大致可以分为如下几方面：

① 破坏硬盘的主引导扇区，使计算机无法启动。

② 破坏文件中的数据，删除文件。

③ 对磁盘或磁盘特定扇区进行格式化，使磁盘中信息丢失。

④ 产生垃圾文件，占据磁盘空间，使磁盘空间减少。

⑤ 占用 CPU 运行时间，使运行效率降低。

⑥ 破坏屏幕正常显示，破坏键盘输入程序，干扰用户操作。

⑦ 破坏计算机网络中的资源，使网络系统瘫痪。

⑧ 破坏系统设置或对系统信息加密，使用户系统紊乱。

5．计算机病毒的预防

计算机病毒及反病毒是两种以软件编程技术为基础的技术，它们的发展是交替进行的。因此，对计算机病毒以预防为主，防止病毒的入侵要比病毒入侵后再去发现和排除好得多。

（1）常用杀毒软件简介

检查和清除病毒的一种有效方法是使用各种防治病毒的软件。一般来说，无论是国外还是国内的杀毒软件，都能够不同程度地解决一些问题，但任何一种杀毒软件都不可能查杀所有病毒。反病毒是因病毒的产生而产生的，所以反病毒软件必须随着新病毒的出现而升级，增加查杀病毒的种类。反病毒是针对已知病毒而言的，并不是可以查杀任何种类的病毒。市场上已出现的常用杀毒软件有 Norton、卡巴斯基、瑞星杀毒、360 杀毒软件等。

（2）预防计算机病毒的主要方法

计算机病毒主要通过移动存储介质和计算机网络两大途径进行传播。病毒侵蚀、人为窃取、计算机电磁辐射、计算机存储硬件损坏等因素都可导致计算机中存储数据丢失。因此，需要做好病毒防范措施，定期备份重要的数据，采取有效手段阻止病毒的破坏和传播，保护系统和数据的安全。主要的具体措施有以下几点：

① 不随便使用外来软件，不随意复制不明 U 盘的数据，对外来 U 盘必须先检查、后使用。

② 浏览、下载文件时要选择正规网站，尽量不打开陌生的邮件。

③ 禁用远程功能，关闭不需要的服务。

④ 不要在系统引导盘上存放用户数据和程序。

⑤ 保存重要软件的复制件。

⑥ 对系统盘和文件设置写保护。

⑦ 定期对硬盘作检查，及时发现病毒、消除病毒。

📡 任务实施

1．任务分析

结合实际生活，病毒无处不在。常见的病毒有哪些呢？这些病毒的特点是什么，如何防护？

2．任务实现

首先，教师讲解；其次，小组讨论。

📖 同步训练

课后网上查找资料，了解熊猫烧香病毒是什么，木马病毒有哪些。

任务 6 汉 字 输 入

💻 任务描述

键盘是最常见的输入设备，我们使用键盘进行录入，那首先必须要认识键盘和各种输入法。

📋 相关知识

1．键盘的基本构成

键盘是最常用的输入设备，用户向计算机发出的命令、编写的程序等都要通过键盘输入到计算机中，使计算机能够按照用户发出的指令来操作，实现人机对话。

键盘是由一组矩阵方式的按键组成的。根据按键的原理不同，键盘可分为触点式按键和电容式按键；根据按键的多少又可分为 83、101、102、104 键键盘。通常把普遍使用的 101 键键盘称为标准键盘。现在常用的键盘在 101 键的基础上增加了 3 个用于 Windows 的操作键。有的键盘还增加了"Wake"唤醒按键、"Sleep"转入睡眠按键、"Power"电源管理按键。

键盘功能区示意图如图 1-10 所示。

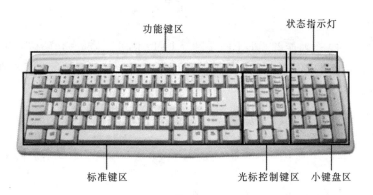

图 1-10　键盘功能区示意图

（1）标准键区

标准键区的主要功能是输入文字和符号。该部分有 26 个英文字母键 A～Z、10 个数字键 0～9、专用符号键（例如&、@、#、$等）、标点符号键（例如! 、? 等），【Space】键，【Enter】键及一些特殊键（如【Shift】、【Ctrl】、【Tab】等）。其中常用键的用法和意义如表 1-3 所示。

表 1-3　标准键区的常用键及功能

英 文 名	中 文 名	功　　能
【Backspace】键	退格键	位于标准键区的最右上角，按下该键可使光标左移一个位置，同时删除当前光标位置上的字符
【Tab】键	制表定位键	Tab 是英文 Table 的缩写。每按下一次该键，光标向右移动 8 个字符
【Enter】键	确认键	按此键表示开始执行所输入的命令，在录入时，按此键后，光标移至下一行
【Caps Lock】键	大写锁定键	按下该键时，可将字母键锁定为大写状态，而对其他键没有影响，再次按下此键时，即可解除大写锁定状态
【Shift】键	换挡键	该键应与其他键同时使用，按住此键后，字母键均处于大写字母状态
【Ctrl】键	控制键	Ctrl 是英文 Control 的缩写。该键用于和其他键组合使用，可完成特定的控制功能
【Alt】键	转换键	Alt 是英文 Alternating 的缩写。该键和【Ctrl】键用法相似，不单独使用，在与其他键组合使用时产生一种转换状态。在不同的工作环境下，【Alt】键转换的状态也不同
【Windows】键		该键键面上刻着 Windows 窗口图案，在 Windows 操作系统中，按下该键后会打开"开始"菜单
【Space】键	空格键	键盘上最长的键，按下此键后，光标向右移动一个空格

此外，在标准键区上还有 8 个基准键位，分别为"【A】、【S】、【D】、【F】、【J】、【K】、【L】和；"，其中的【F】键和【J】键称为原点键，这两个键的表面上刻有圆点或短横线，方便触摸定位。

键面上有两个符号的键称为双字键，如果要输入双字键上面的字符，需先按住【Shift】键，再按下相应的键。

（2）小键盘区

小键盘区位于键盘的右下角，主要用于快速输入数字，其中大部分是双字键，上挡键是数字，下挡键具有编辑和光标控制功能。【Num Lock】键为数字键的控制键，当按下此键时，键盘右上角对应的指示灯亮，表明此时为数字输入状态；再按下此键，指示灯灭，表明此时为光标控制状态。

（3）功能键区

在键盘的上方有 12 个功能键，即【F1】键~【F12】键，各键的功能依照不同的软件而定，并且用户可以自己定义各键的功能。功能键的作用在于完成某些特殊的操作。例如，功能键在 Microsoft Word 2010 中的功能如下：

① 【F1】键：获得帮助信息或访问 Microsoft Office 的联机帮助。

② 【F2】键：移动文字或图形。

③ 【F3】键：插入自动图文集词条（在 Microsoft Word 2003 中显示该词条之后）。

④ 【F4】键：重复上一步的操作。

⑤ 【F5】键：选择"编辑"→"定位"命令。

⑥ 【F6】键：前往下一个窗格或框架。

⑦ 【F7】键：选择"工具"→"拼写和语法"命令。

⑧ 【F8】键：扩展所选择的内容。

⑨ 【F9】键：更新选定的域。

⑩ 【F10】键：激活菜单栏。

⑪ 【F11】键：前往下一个域。

⑫ 【F12】键：选择"文件"→"另存为"命令。

（4）光标控制键区

光标控制键区位于标准键区和数字键区之间，其中常用键的用法和意义如表 1-4 所示。

表 1-4　光标控制键区中的常用键及功能

英文名	中文名	功能
【PrintScreen/SysRq】键	屏幕打印	按下此键可将当前屏幕复制到剪贴板，然后用【Ctrl+V】组合键可以把屏幕粘贴到目标位置
【Scroll Lock】键	屏幕锁定键	按下此键屏幕停止滚动，直到再次按下此键为止
【Pause Break】键	暂停键	同时按下【Ctrl】键和【Pause Break】键，可强行终止程序的运行
【Insert】键	插入键	该键用来转换插入和替换状态。在插入状态时，插入一个字符后，光标右侧的所有字符向右移动一个字符位置。再次按下【Insert】键，则返回替换方式
【Home】键	起始键	按下此键，光标移至当前行的行首。同时按下【Ctrl】键和【Home】键，光标移至当前页的首行行首
【End】键	终止键	按下此键，光标移至当前行的行尾。同时按下【Ctrl】键和【End】键，光标移至当前页的末行行尾
【PageUp】键	向前翻页键	按此键后，可以翻到上一页
【PageDown】键	向后翻页键	按此键后，可以翻到下一页
【Del】键	删除键	每按一次此键，删除光标位置上的一个字符，光标右边的所有字符向左移一个字符位
【↑】键	光标上移键	按此键后，光标移至上一行
【↓】键	光标下移键	按此键后，光标移至下一行
【←】键	光标左移键	按此键后，光标向左移一个字符位
【→】键	光标右移键	按此键后，光标向右移一个字符位

2．鼠标的基本操作

鼠标的基本操作主要有如下几种：

（1）单击鼠标左键：用右手食指轻点鼠标左键并快速松开，此操作用于选择对象。

（2）右击：用右手中指按下鼠标右键并快速松开，此操作一般用于打开当前对象的快捷菜单。

（3）双击鼠标左键：用右手食指在鼠标左键上快速单击两次，此操作用于执行命令或打开文件等。

另外鼠标指针状态有多种，如表 1-5 所示。

表 1-5　鼠标指针状态表

鼠 标 指 针	表示的状态	鼠 标 指 针	表示的状态	鼠 标 指 针	表示的状态
↖	准备状态	↕	调整对象垂直大小	＋	精确调整对象
↖?	帮助选择	↔	调整对象水平大小	I	文本输入状态
↖⧗	后台处理	↖	等比例调整对象	⊘	禁用状态
⧗	忙碌状态	↗	等比例调整对象	✎	手写状态
✛	移动对象	↑	其他选择	☚	链接状态

3．中文输入法使用

中文输入法是进行中文信息处理的前提和基础。根据汉字编码方式的不同，可以将中文输入法分为以下 3 类：

① 音码：通过汉语拼音来实现输入。对于大多数用户来说，这是最容易学习和掌握的输入法。但是，这种输入法需要的击键和选字次数较多，输入速度较慢。

② 形码：通过字形拆分来实现输入。这种输入法在使用键盘输入的输入法中是最快的。但是，需要用户掌握拆分原则和字根，不易掌握。

③ 音形结合码：利用汉字的语音特征和字形特征进行编码，音形码输入法需要记忆部分输入规则，也存在部分重码。

（1）输入法的选择

常用的输入法有微软拼音输入法、全拼输入法、双拼输入法、智能 ABC 输入法、区位输入法和郑码输入法。用户可以根据自己的习惯和需要，选择其中一种输入法。

在 Windows 环境中，默认状态下，用户可以使用【Ctrl+Space】组合键来启动或关闭中文输入法，使用【Ctrl+Shift】组合键来切换输入法。【Ctrl+Shift】组合键采用循环切换的形式，在各种输入法和英文输入方式之间依次进行转换。

选择中文输入法也可以通过单击任务栏上的代表输入法的"键盘"图标■来实现，在弹出的输入法快捷菜单中，单击要使用的输入法选项即可，如图 1-11 所示。

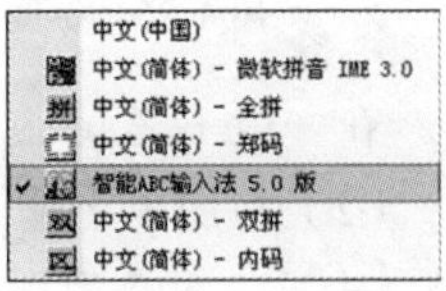

图 1-11　输入法快捷菜单

（2）文字的删除和插入

删除文字时，使用键盘上的"光标移动"键，把光标移动到要删除的文字右侧，再按【Backspace】键即可删除。

插入文字时，使用键盘上的"光标移动"键，把光标移动到插入文字处，输入文字即可。

4．拼音输入法

拼音输入法具有易学易用的优点，只要掌握汉语拼音，就可以使用拼音输入法进行中文输入。但是由于重码率高等问题，拼音输入的速度较五笔字型等形码输入法要慢一些。下面重点介绍智能 ABC 输入法的特点和使用。

（1）智能 ABC 输入法状态条

智能 ABC 输入法是一种以汉语拼音为基础，以词组输入为主的普及型汉字输入法，具有易学易用和输入速度快等特点，是非专业汉字输入人员的一种较理想的输入方法。

输入法状态条表示当前的输入状态。在选择智能 ABC 中文输入法后，该状态条会显示在屏幕的左下角。它由"中英文切换"按钮、"输入方式切换"按钮、"中英文标点切换"按钮、"全角/半角切换"按钮和"软键盘"按钮 5 部分组成，如图 1–12 所示。

① 软键盘按钮。右击智能 ABC 输入法的状态条的"软键盘"按钮▦，将会弹出软键盘各种类型符号的菜单，单击选择需要的一类符号类型，如图 1–13 所示。

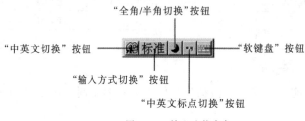

图 1–12　输入法状态条

PC 键盘	标点符号
希腊字母	✔ 数字序号
俄文字母	数字符号
注音符号	单位符号
拼　音	制表符
日文平假名	特殊符号
日文片假名	

图 1–13　软键盘菜单

例如，输入罗马数字序号"Ⅳ"。选择快捷菜单的"数字序号"命令，将会在屏幕右下角弹出数字序号的软键盘，单击所需要的希腊字母键即可。如图 1–14 所示，其他特殊符号类推。

图 1–14　软键盘

②半角/全角标点符号的输入。文字录入时，一般输入的标点符号都是半角中文（即一个标点符号占半个汉字的宽度），如图 1–15 所示。但有时需要输入全角中文（即一个标点符号占一个汉字的宽度）。

方法是在输入法的状态条中，单击"全角/半角切换"按钮▦，即全角英文标点符号状态，再输入需要的标点符号，如图 1–16 所示。

图 1–15　半角中文标点符号状态 　　　　　　　图 1–16　全角英文标点符号状态

在一级 B 考试的文字录入题尤其应注意，题目给出样文的标点符号就有全角半角之分。

（2）常用单字输入

对于一些常用单字的输入，只需要输入单字拼音的首字母，单击【Space】键，选择汉字前对应的数字编号，如图 1–17 所示。如果没有所需的汉字，则用【PageDown】下翻页键查找即可。

（3）简拼输入

简拼即使用常用词组输入，可输入词组各个汉字拼音的首字母，单击【Space】键在备选框中选择。例如，输入"长"⇨"c"，输入"的"⇨"d"，输入"长城"⇨" cc"，输入"不但"⇨"bd"等。智能 ABC 的词库有大约七万词条。常用的 5 000 个两字词建议采用简拼输入。

多字词组尤其适合采用简拼输入。例如，输入"计算机"⇨" jsj"，"国务院"⇨" gwy"，"百花齐放"⇨"bhqf"，"东山再起"⇨"dszq"，"中国共产党"⇨"zggcd"，"国务院办公厅"⇨"gwybgt"。

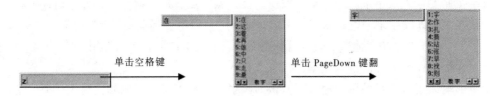

图 1-17　常用单字输入法图示

（4）混拼输入

对不常用的词组，可采用混拼词组输入。输入词组的某个字简拼、另一个字的全拼。例如：输入"长城" ⇨" ccheng"（第一个字简拼，第二个字全拼）或"changc"（第一个字全拼，第二个字简拼）。例如，输入"鼠标"⇨" shub"或"shbiao"。

（5）全拼输入

输入单字或词组，用每个汉字的拼音全拼输入。例如，输入"长"⇨"chang"，"城" ⇨"cheng"，"长城"⇨"changcheng"。

（6）音形输入

输入单字或词组也可采用拼音加笔形的输入方法。笔形码是用数字代替笔形，如下所示：

1：横　　　　2：竖　　　　3：撇　　　　4：捺
5：横折　　　6：竖折　　　7：十字交叉　　8：方框

例如，输入"长"⇨"chang3"，按【Space】键。

或输入"c3"，按【Space】键，可以得到汉语拼音 c 与汉字起笔是"撇"的所有汉字组合。

或输入"c31"，按【Space】键，可以得到汉语拼音 c 与汉字起笔是"撇"和第二笔是"横"的所有汉字组合。

输入"城"⇨"cheng7"或"c71"或"ch71"（全拼或简拼加上这个字的起笔和第二笔笔形，按【Space】键。

输入"长城"这个词，如果用全拼，输入"changcheng"需击键 10 次，如果用音形输入可输入"c3c""cc7""c3c7""c71""c31c""ch3c""cheng3c"或"ccheng7"，都可以得到"长城"这个词，最少只需击键三次。例如，输入"cc7"按【Space】键即可。

可以看出，采用音形结合的方法，可以减少同音字或同音词的重码率，还能减少击键次数，提高输入效率。

（7）纯笔形输入

智能 ABC 输入法还提供纯笔形输入方法。方法是只需记住"横 1、竖 2、撇 3、点 4、折 5、弯 6、叉 7、方 8"八个笔形。输入"独体字"按书写顺序逐笔取码，输入"合体字"一分为二，每部分限取三码。一个字最多取六码。

例如，输入独体字，长⇨"3164"，石⇨"138"，上⇨"211"，人⇨"34"，主⇨"41"，刀⇨"53"，女⇨"631"，士⇨"71"，中⇨"82"，的⇨"3"。

例如，输入合体字，城⇨"71135"，锟⇨"311816"，炼⇨"433165"，魔⇨"41338"，雪⇨"1455"，谨⇨"467218"，谓⇨"4687"，薪⇨"724143"，曜⇨"81453"。

使用笔形输入汉字，不要死记硬背汉字的编码，因为笔形输入采用屏幕引导的方法，候选窗的汉字按照要输入汉字下一笔的笔画按横、竖、撇、点、折、弯、叉、方排列，字右面有对应的带圈数字，即汉字下一笔的编码，例如，输入"他"字，起笔是"撇"，输入"3"，第二笔是"竖"，在候选框中"他"字的右面编码是②，也就是说屏幕上引导用户输入"2"（"竖"笔画）。这样可以大大提高输入效率。

纯笔形输入还可以帮助用户输入不认识的汉字，代替查字典。例如，输入三个"龙"构成的"龘"字，这个字48划，不管是用部首查字法，还是数笔画查字，都会很费时。如果用纯笔形输入法，最多输入6笔，输入"龘"这个字，只需输入"414414"即可得到，同时还可以知道这个字的读音。如要输入"麂"字，输入"3454"即可得到。

5. 全拼输入法简介

全拼输入法是以《汉语拼音方案》为基础定义的简单易学的输入方法。它以汉字的拼音作为编码，也就是用汉字的读音（包括所有声母和韵母字符）作为汉字的编码。由编码规则可以看出，拼音输入法是重码较多的一种汉字输入方法。但是对用户来说，只要会使用拼音，发音正确，就可以输入汉字。例如，"几"字的汉语拼音是"ji"，则它的拼音输入码也就是"ji"，如图1-18所示。

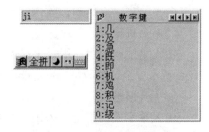

图1-18　全拼输入法的输入窗口

6. 搜狗拼音输入法简介

搜狗拼音输入法（简称搜狗输入法、搜狗拼音）是搜狐公司推出的一款汉字拼音输入法软件，是目前国内主流的拼音输入法之一。搜狗输入法与传统输入法不同的是，采用了搜索引擎技术，是第二代的输入法。由于采用了搜索引擎技术，输入速度有了质的飞跃，在词库的广度、词语的准确度上，搜狗输入法都领先于其他输入法。

搜狗拼音输入法的标准状态条及各按钮的功能，其用法与智能ABC输入法类似，如图1-19所示。

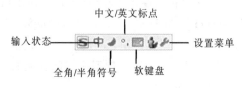

图1-19　搜狗拼音标准状态条

任务实施

1. 任务分析

认识键盘是第一步，掌握两种以上的输入方法。

2．任务实现

老师发布文字输入任务，学生实践。

同步训练

使用金山打字通进行中文输入练习。

单元 ②

Windows 7 操作系统

电子计算机之所以能够普及化、大众化，归功于微软公司开发的一套图形化操作系统。图形化操作系统的诞生，使计算机使用者不再局限于专业人员。Windows 7 操作系统以其稳定性、广泛性而闻名，下面我们一起来学习。

知识目标

- 掌握 Windows 7 文件资源管理方式。
- 定制工作环境。
- 计算机管理。

能力目标

- 会整理文件资源。
- 会设置操作系统工作环境。
- 会管理和操作计算机。

任务 1　认识操作系统

任务描述

大家在购买计算机的时候，经常会碰到"你安装什么操作系统"之类的问题，什么是操作系统呢？它有哪些作用呢？没有操作系统行不行呢？

相关知识

1. 操作系统基本概念

操作系统（Operating System, OS）是一组控制和管理计算机的系统程序，它专门用来管理计算机的软件、硬件资源，负责监视和控制计算机及程序处理的过程。

操作系统是计算机系统软件的核心，是用户和其他软件与计算机裸机之间的桥梁，是所有应用软件运行的平台，只有在操作系统的支持下，整个计算机系统才能正常运行。操作系统统一管理计算机资源，合理地组织计算机的工作流程，协调系统各部分之间、系统与用户之间以及用户与用户之间的关系。操作系统为用户提供一个功能很强、使用方便的虚拟机器，因而也可将操作系统看成是用户与计算机之间的接口。操作系统与用户、计算机的关系如图 2-1 所示。

图 2-1　操作系统与用户、计算机的关系

2．操作系统的主要功能

操作系统的主要功能是组织计算机的工作流程，管理中央处理器、内存、数据与外围设备，检查程序与计算机故障以及处理中断等。

（1）中央处理器管理

当有多个程序都要占用中央处理器时，则让其中一个程序先占用；如果一个程序运行结束或因等待某个事件而暂时不能运行时，则把中央处理器的使用权转交给另一个程序；当出现了一个比当前占用中央处理器的程序更重要、更迫切的可运行程序时，则强行中断当前运行的程序，把中央处理器让给有紧迫任务的程序，这便是操作系统的中央处理器管理功能。

（2）存储管理

存储管理就是根据用户程序的要求为用户分配内存空间。当多个用户程序同时被装入内存后，要保证各用户的程序和数据彼此互不干扰；当某个用户程序工作结束时，要及时收回它所占用的内存空间，以便再装入其他程序。

（3）设备管理

设备管理是指对计算机的外围设备（如磁带机、磁盘机等存储设备和显示器、键盘、打印机等输入/输出设备）的管理。操作系统的设备管理不仅实现了设备的启动，而且还对外围设备进行分配、回收、调度，并控制设备的输入/输出操作等。

（4）文件管理

文件管理是指操作系统对计算机信息资源（软件资源）的管理。文件管理的任务就是管理好外存空间（磁盘）和内存空间，决定文件信息的存放位置，建立起文件名与文件信息之间的对应关系，实现文件的读、写等操作。

（5）作业管理

作业（Job）是指用户的一个计算问题或一个事务处理中要求计算机系统所做工作的集合。操作系统负责控制用户作业的进入、执行和结束的部分称为作业管理。作业管理提供"作业控制语言"，用户使用它来书写控制作业执行的操作说明书。同时，还为操作员和终端用户提供与系统对话的"命令语言"，用它来请求系统服务。

任务实施

老师讲解为主。

同步训练

谈谈目前主流的操作系统有哪些，分别用在什么场合？

任务 2　管理文件资源

任务描述

在某文件夹里新建文本文档，并为其重命名和设置相关属性，并通过 Windows 自带的记事本软件完成一篇文章的输入。

相关知识

1. Windows 操作系统发展历史

Windows 是微软公司开发的一个主流操作系统，早在 1983 年春，微软就宣布开始研究开发 Windows，并在 1985 年和 1987 年分别推出 Windows 1.03 版和 Windows 2.0 版。但是，由于当时硬件和 DOS 操作系统的限制，这两个版本并没有取得很大的成功。微软在此后对 Windows 的内存管理、图形界面进行了重大改进，并于 1990 年 5 月推出了 Windows 3-0，并获得了成功。一年之后推出的 Windows 3-1 对 Windows 3-0 又作了一些改进，引入 TrueType 字体技术，还引入了一种新设计的文件管理程序，改进了系统的可靠性。更重要的是增加对象链接与嵌入技术（OLE）和多媒体技术的支持。微软注意到了中国巨大的市场，于 1993 年推出了汉化的 Windows 中文版本 Windows 3.1。Windows 3-0 和 Windows 3.1 都必须运行于 MS DOS 操作系统之上。

随着计算机硬件的不断改进，CPU 的处理速度和能力大大提高。1995 年 8 月 24 日，微软公司推出了 Windows 95 操作系统。Windows 95 是一个里程碑式的操作系统，可以独立运行而不再需要 DOS 支持。Windows 95 采用 32 位处理技术，兼容以前 16 位的一些应用程序，并对 Windows 3-1 作了许多重大改进，比如：全 32 位高性能的抢先式多任务和多线程；内置的对 Internet 的支持；即插即用，简化用户配置硬件操作，并避免了硬件上的冲突；32 位线性寻址的内存管理和良好的向下兼容性等。

在网络操作系统方面，1993 年 6 月，微软公司发布了 Windows NT 的第一个版本 Windows NT 3.1；1994 年 9 月，又发布了 Windows NT 3.51；1996 年发布 Windows NT 4.0，并于同年年底推出 Windows NT 4.0 中文版。Windows NT 4.0 分为两个版本，一个是 for Server，一个是 for Workstation。Windows NT for Workstation 是一个全 32 位操作系统，适用于多种硬件平台并提供强大的网络管理功能，是高档台式机理想的工作平台。Windows NT for Server 是面向服务器的全 32 位操作系统。提供强大的网络连接能力，全图形界面，易于操作。而集中式的安全管理和强有力的容错功能等特点使其成为网络服务器的理想操作系统。

1998 年 6 月，微软公司在全世界同时发布 Windows 98。Windows 98 仍兼容 16 位的应用程序，是 Windows 系列产品中最后一个"照顾"16 位应用程序的操作系统。2000 年，微软公司又发布了 Windows 2000 和 Windows Me。

2001 年 11 月，微软公司正式推出 Windows XP，Windows XP 包括家庭版和专业版，家庭版是 Windows ME 的一个增强版，针对个人及家庭用户设计，增设了数字多媒体、家庭联网和通信等方面的功能。它集成了具有媒体任务栏、自动图像尺寸调整和个性栏等新功能的浏览器 IE 6 和将常用数字媒体功能整合在一起的媒体播放器，用户可以在同一个软件中观看录像和 DVD，收听音乐、Internet 电台，向便携式播放器传输音乐，快速刻录 CD 等，为音频和视频的数字化处理提供了较为有利的工具。为了方便用户查看和处理图片、照片和音乐文件，Windows XP 新增了两个文件夹"我的图片"和"我的音乐"。其照片打印向导、Web 发布向导为数字图片的共享、发布、下载和打印提供了快捷的工具。为了使用户快速、方便地操作，新的开始菜单把用户经常使用的文件和应用程序组织在一起，以提高访问的效率。Windows XP 中文版配备了改进的微软拼音输入法 3-0 版，具有中英文混合输入、汉字注音等新功能。Internet 连接共享功能，允许家中的多台计算机经由同一个宽带或拨号连接访问 Internet。Windows XP 专业版则集成了 Windows 2000 专业版的部分功能，它除了具备家庭版的功能外，还增加了远程桌面功能、管理功能、防病毒功能以及多语言特性，从而为办公用户高效、安全地使用计算机提供了更多的方便。为使在视觉、听觉、行动、感觉等方面具有一定障碍者的需要，专业版提供了较强的辅助特性，改进了放大镜、讲述人、屏幕键盘和辅助工具管理器的功能，通过"辅助功能向导""辅助功能选项"图标和"控制面板"中的其他图标来更改 Windows 的外观和特性，包括键盘、显示器、声音和鼠标功能设置。

Windows Vista 是继 Windows XP 和 Windows Server 2003 之后的又一重要的操作系统。该系统带有许多新的特性和技术。于 2007 年 1 月 30 日正式对普通用户出售。此时的 Windows Vista 距离上一版本 Windows XP 已有超过 5 年的时间，这是 Windows 版本历史上间隔时间最久的一次发布。微软表示，Windows Vista 是具有革命性变化的操作系统，包含了上百种新功能；其中较特别的是新版的图形用户界面和称为"Windows Aero"的全新界面风格、加强后的搜寻功能（Windows Indexing Service）、新的多媒体创作工具（例如 Windows DVD Maker），以及重新设计的网络、音频、输出（打印）和显示子系统。Vista 也使用点对点技术（peer-to-peer）提升了计算机系统在家庭网络中的通信能力，将让在不同计算机或装置之间分享文件与多媒体内容变得更简单。针对开发者方面，Vista 使用.NET Framework 3-0 版本，比起传统的 Windows API 更能让开发者轻松写出高品质的程序。微软也在 Vista 的安全性方面进行了改良。

Windows 7 是由微软公司开发的，具有革命性变化的操作系统，于 2009 年 10 月正式发布，该系统旨在让人们的日常计算机操作更加简单和快捷，为人们提供高效易行的工作环境。Windows 7 中包含多种新的应用程序和功能改进，其中更是含有比尔·盖茨一直大肆宣传的"未来技术"。

① 触摸技术：Windows 7 的系统中包含触摸与多触点一体化。利用触摸技术，用户可以用手指任意改变计算机桌面图标的尺寸与位置，可以进行图片的放大、缩小以及排序，还可以翻阅 Word 文档。

② 多核支持：多核支持技术现在虽然越来越司空见惯了，但是，由于软件的编写与执行的方式不同，很多软件并不能充分发挥多核的优势。Windows 7 提高了多核系统的性能，允许程序/应用程序与多核处理器协作，加快其执行和访问 CPU 的速度。

③ 控制面板：控制面板是 Windows 7 中最广泛的升级部分，Windows 7 的控制面板中添加

了很多新的功能。其中，控制面板的新功能包括：加速器（鼠标）、ClearType 文本声腔、显示色彩校准向导、工具（包括以网络为基础的和工具栏小工具）、红外、恢复、Workspaces 中心、凭据管理器、故障排除和 Windows 解决方案中心。

④ 任务栏：Windows 7 新任务栏默认只显示程序图标，但也可以像现在一样显示文字标签，不过只有激活的程序才会有文字。此外，如果打开了很多个同一程序，Jump List 菜单首先只会显示一列缩略图，然后才变成只有文字的菜单。另外，会让选定的窗口正常显示，其他窗口则变成透明的，只留下一个个半透明边框。

因为 Windows 7 的使用日渐广泛，本书主要介绍 Windows 7 操作系统及基本使用方法。

2．Windows 7 的安装

（1）Windows 7 版本

Windows 7 包含 6 个版本，分别为 Windows 7 Starter（初级版）、Windows 7 Home Basic（家庭普通版）、Windows 7 Home Premium（家庭高级版）、Windows 7 Professional（专业版）、Windows 7 Enterprise（企业版）以及 Windows 7 Ultimate（旗舰版）。用户可以根据情况选择合适的版本。

（2）Windows 7 的运行环境

Windows 7 对计算机硬件环境的要求较高，官方的最低配置要求为：

- 处理器：1 GHz 32 位或者 64 位处理器。
- 内存：1 GB 及以上。
- 显卡：支持 DirectX 9 128 MB 及以上（开启 AERO 效果）。
- 硬盘空间：16 GB 以上（主分区，NTFS 格式）。
- 显示器：要求分辨率在 1 024×768 像素及以上（低于该分辨率则无法正常显示部分功能）。

（3）安装前的准备

在安装 Windows 7 之前，需要进行一些相关的设置，如 BIOS 启动项的调整、硬盘分区的调整及格式化等。正确、恰当地调整这些设置将为顺利安装系统、方便地使用系统打下良好的基础。

在安装系统之前首先需要将光驱设置为第一启动项。不同的计算机进行设置的方式不同，具体方法请参考说明书，大部分计算机都要进入 BIOS 中进行设置。进入 BIOS 的方法一般来说是在开机自检通过后按【Del】键或者是【F2】键。进入 BIOS 以后，找到"Boot"项目，然后在列表中将第一启动项设置为"CD-ROM"（CD-ROM 表示光驱）即可。一般在 BIOS 中将 CD-ROM 设置为第一启动项之后，重启计算机之后就会发现"boot from CD"提示符。这个时候按任意键即可从光驱启动系统。

从光驱启动系统后，在完成对系统信息的检测之后，进入系统的正式安装界面。首先会要求用户选择安装的语言类型、时间和货币格式、默认的键盘输入方式等，界面如图 2-2 所示。如安装中文版本，就选择中文（简体）、中国北京时间和默认的简体键盘即可。设置完成后则会开始启动安装。

因为 Windows 7 的安装过程只在少数地方，如输入序列号、设置时间、网络和管理员密码等项目需要人工干预的，其余不需要人工干预，所以安装过程在此不再赘述。

图 2-2　安装界面

（4）Windows 7 的启动和退出

安装过程结束以后，系统会自动重新启动计算机，进入 Windows 7 系统。以后开机时，接通计算机的电源，启动计算机，将直接进入 Windows 7 系统。如果在安装时设置了管理员口令，在启动时会出现登录提示，输入正确的用户名和口令方能登录。

在退出 Windows 7 之前，用户应关闭所有打开的程序和文档窗口，若不关闭，则系统会在退出时强行关闭，此时，若有文件未存盘，将可能造成数据的丢失。在屏幕左下角有"开始"菜单，退出 Windows 7 只要单击"开始"菜单下的"关机"按钮，即可安全退出系统。

（5）Windows 7 的注销

为了便于不同的用户快速登录计算机，Windows 7 提供了"注销"功能。不必重新启动计算机就可以切换到另一个用户，既快捷方便，又减少了对硬件的损耗。

"注销"指关闭程序并注销当前登录用户。"切换用户"指在不关闭当前登录用户的情况下，切换到另一个用户，当再次返回时系统会保留原来的状态。

"注销"或"切换用户"的方法是单击"开始"菜单的"关机"右边的 按钮，会弹出一个子菜单，如图 2-3 所示，选择相应命令及可。

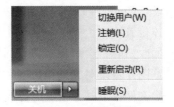

图 2-3　关机菜单

3．Windows 操作系统窗口操作

在 Windows 中，所有的程序都是运行在一个框内，在这个框内集成了诸多的元素，这个方框就叫作窗口。Windows 7 的操作是以窗口为主体进行的，窗口尤其是资源管理器窗口一直是用户操作计算机中文件的重要通道。虽然在 Windows 7 下不同的程序和文档可能会打开不同的窗口，但窗口具有通用性，窗口的外观和操作方法都是基本相同的。

（1）窗口的组成

图 2-4 所示为打开桌面上的"计算机"后显示的"计算机"窗口，接下来以此窗口为例，对 Windows 7 中窗口的结构以及基本操作进行介绍。

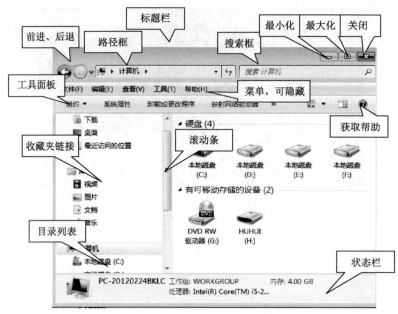

图 2-4 Windows 7 窗口

窗口左上角隐藏了一个控制菜单，只有单击左上角时才会弹出，如图 2-5 所示。可通过控制菜单对窗口进行常见的最大化、最小化、关闭等操作。

在窗口的左上角，为"前进"与"后退"按钮，单击"后退"按钮旁边的下拉按钮，可看到浏览的历史记录或可能的前进方向；在其右边的路径框则不仅给出当前目录的位置，其中的各项均可点击，帮助用户直接定位到相应文件夹下；而在窗口的右上角，是功能强大的搜索框，在这里可以输入任何想要查询的搜索项进行搜索。

Windows 7 中的工具面板可看成新形式的菜单，根据文件夹具体位置不同，在工具面板中还会出现其他的相应工具项，如浏览回收站时，会出现"清空回收站""还原项目"的选项；而在浏览图片目录时，则会出现"放映幻灯片"的选项；浏览音乐或视频文件目录时，相应的播放按钮会出现。

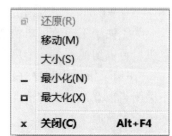

图 2-5 控制菜单

主窗口的左侧面板由两部分组成，位于上方的是收藏夹链接，如文档、图片等，其下则是树状的目录列表，目录列表面板可折叠、隐藏，而收藏夹链接面板则无法隐藏。

（2）窗口的基本操作

① 打开窗口。打开窗口的方法主要有：双击需要打开的窗口图标，或右击，在快捷菜单中选择"打开"命令。

② 移动窗口。将鼠标指针移动到窗口标题栏，然后按下鼠标左键移动鼠标，当移动到合适的位置时放开鼠标左键，那么窗口就会出现在这个位置。（注意：窗口最大化状态时不可移动。）

③ 调整窗口大小。单击"最大化"按钮，可以使活动窗口扩展到整个屏幕，此时该按钮变为"还原"按钮，再单击，则窗口恢复到原始大小。单击"最小化"按钮，将窗口以按钮形式排列在任务栏上。需要还原窗口时，可单击任务栏上的窗口按钮。当鼠标指针移动到边

框或边角时, 鼠标指针会变成双箭头, 此时对边框或边角进行拖动操作, 可以改变窗口的大小。

另外, 当窗口最大化时, 双击标题栏可使窗口还原, 反之可使其最大化。单击窗的左上角的控制菜单, 弹出控制菜单, 也可通过该菜单对窗口的进行调整。

④ 切换窗口。如果有多个窗口同时被打开, 最多只能有一个处在活动状态, 其标题栏通常呈现鲜艳的颜色。进行窗口切换的办法有多种: 单击任务栏上的窗口按钮, 可以很方便地实现活动窗口的切换; 或是单击某个窗口的可见部分, 把它变换为活动窗口; 还可以按下【Alt+Tab】组合键, 屏幕上出现"切换任务栏"窗口, 其中列出了当前正在运行的窗口。保持【Alt】键的按下状态, 按【Tab】键从"切换任务栏"中选择一个窗口, 选中后再松开这两个键, 所选窗口即成为当前窗口。

⑤ 排列窗口。当屏幕上出现多个窗口时, 可以采用 Windows 提供的"层叠""堆叠""并排显示"等方式, 自动排列窗口在桌面上的位置。方法是将鼠标指针指向任务栏的空白处, 右击, 弹出图 2-6 所示快捷菜单, 在该菜单上可选择需要排列的方式。

⑥ 关闭窗口　用户完成对窗口的操作后, 想要关闭窗口, 也有多种办法。

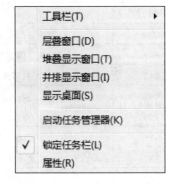

图 2-6　右击任务栏空白处弹出的菜单

- 单击标题栏上的"关闭"按钮☒。
- 双击窗口左上角控制菜单。
- 单击窗口左上角控制菜单, 在弹出的控制菜单中选择"关闭"命令。
- 使用【Alt+F4】组合键。
- 选择"文件"菜单中的"退出"命令。
- 右击任务栏上的窗口按钮, 在弹出的快捷菜单中选择"关闭"命令。

对于文档窗口, 用户在关闭窗口之前需要保存文档。如果忘记保存, 当执行"关闭"命令时, 系统会弹出一个提示框, 询问是否要保存所做的修改。

4. 文件和文件夹

（1）基本概念

计算机硬盘是用来存储大量的数据的, 但在存储数据之前, 必须进行分区, 否则无法存储数据并安装系统, 并无法划分数据盘和系统盘。一般建议分为 2～3 个分区, 如图 2-7 所示。

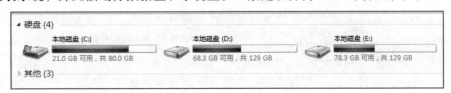

图 2-7　硬盘分区示意图

硬盘分区后, 一般 C 盘是系统盘, 其他盘根据个人需要分门别类地存放数据。数据都是以文件的形式存在的, 计算机存储系统中, 文件是计算机操作系统进行组织和管理的最基本单位, 也就是以计算机硬盘为载体存储在计算机中的信息集合。文件可以是文本文档、图片、程序等。

文件名由两部分构成：名字.文件扩展名。其中文件扩展名标明文件类型，比如：.txt 表示是文本文档、.docx 表示是 Word 文档、.jpg 表示是 JPEG 类型的图片等。

为了分门别类地存放文件，方便文件管理，操作系统把文件组织在若干目录中，也叫作文件夹。文件夹是用来组织和管理磁盘文件的一种数据结构。每个文件夹都有名字，叫作"文件夹名"，文件夹既可以存放文件也可以存放文件夹，这种结构依次展开，很像一颗倒挂的树，所以将这种结构叫作"树状结构"。

扩展名常用来标明文件的类型，因此扩展名也称为类型名。表 2-1 列出了常见的文件类型及其扩展名。

表 2-1　常见文件类型及其扩展名

扩 展 名	文 件 类 型	扩 展 名	文 件 类 型
.COM	可执行的系统文件	.PPT	PowerPoint 文件
.EXE	可执行的程序文件	.OBJ	目标程序文件
.BAT	批处理文件	.ASM	汇编源程序文件
.BAK	后备文件	.SYS	系统文件
.LIB	库文件	.HLP	帮助支持文件
.SYS	系统文件	.TMP	暂存或不正确存储的文件
.TXT	文本文件	.DOC	Word 文档文件
.DAT	数据文件	.MDB	Access 数据库文件
.BAK	备份文件	.ZIP	压缩文件
.AVI	视频文件	.BMP	位图文件

在 Windows 系统中，扩展名不同的文件会显示不同的图标，因此可以通过图标的不同来区分文件的类型。但是显示文档图标的依据仍然是文件的扩展名，所以注意不要轻易修改文件的扩展名，一旦修改了扩展名，会使系统无法识别文件的类型，并可能导致文件无法正确打开。

（2）文件的存储管理——树状目录结构

大量的文件存储在磁盘上，如何有序地对文件进行管理，更快地搜索文件，这是文件管理中的大问题，操作系统采用了日常生活中分类存档的思想，在文件系统中引入了"树状目录结构"的概念。

首先，操作系统将磁盘分为若干盘区，并用 A、B、C、D 等盘符加以标识，通常用 A 盘、B 盘分别对应两个软盘驱动器表示，硬盘可被划分为一个或多个盘区（或称分区），可分别命名为 C 盘、D 盘等；C 盘一般作为系统盘。此外还可将移动硬盘、U 盘等也映射成分区。虽然各分区的储存介质及存储的位置可能不同，但操作系统为用户屏蔽了设备的物理特性，用户可以用同样的方法访问不同的盘。

在每个分区中，有且仅有一个根目录。当对分区进行格式化后，在分区上会自动建立一个根目录。根目录可以用"\"表示。用户可在根目录下建立各种文件，也可以建立子目录。子目录下又可以建立文件，也可以再建子目录。这样，在每一个分区中都可以形成一个树状目录结构，这是一棵倒置的树，树根在上（即根目录）。由于操作系统中的文件系统采用了树状结构，用户便可以通过建立若干个子目录，把文件分门别类地放在不同的目录之下，就如同我们在日常工作中，将文档分别存放在不同的文件柜和不同的文件夹中一样。每个分区相当于办公室里的一个文件柜，而目录就相当于文件柜中的文件夹。

由于文件是以名字来区分的，因而在同一级目录下，文件不能重名。不同目录下的同名文件是允许的，也是可以区分的，不同目录下的子目录也可以重名。

目录的命名方法和文件命名一样，可将其看成是一种特殊的文件。它除包括所属的文件名外，还包含各文件的附属信息，如文件大小、种类、文件的建立与修改日期、文件存放在磁盘的起始位置等。通过对有关目录的操作就可以方便地对某一目录下的文件进行管理。

在 Windows 中，用"文件夹"的概念代替了"目录"的概念。文件夹是用来储存文件或其他文件夹的地方。使用文件夹的目的是为了我们对文件进行归类提供方便。文件夹不仅可以理解为普通的文件夹和磁盘驱动器符号，还可以包括"打印机""控制版面"等。标准文件夹的图标为 🗀 。

（3）路径

操作系统对文件是"按名存取"的，磁盘采用树状目录结构。在树状目录结构中，用户创建一个文件时，仅仅指定文件名就显得很不够，还应该说明该文件是在哪一分区的哪个目录之下，这样才能唯一确定一个文件。因此，引入了"路径"的概念。路径，准确地说，就是从根目录（或当前目录）出发，到达被操作文件所在目录的目录列表。即路径由一系列目录名组成，目录名和目录名之间用"\"隔开。例如：

路径名"D:\计算机基础\第四章 \ch4.doc"，是指在 D 盘根目录下"计算机基础"子目录下的"第四章"子目录中的 ch4.doc 文件。

路径若以"\"开始，表示路径从根目录出发。从根目录出发的路径被称为绝对路径。路径若从当前目录开始，则称之为相对路径。

注意：路径名中的反斜杠"\"如果夹在目录和文件名之间，它是起隔离目录或文件名的作用，否则就是代表根目录。如上例中的第一个反斜杠就是指根目录。

如果不指定盘符部分，就表示隐含使用当前盘，如果不指定目录部分，就表示隐含使用当前目录。如上所述，如果将 D 盘指定为当前盘，并将 D 盘上的"计算机基础\第四章"子目录指定为当前目录，那么指定"ch4.doc"文件仅用其文件名就可以了。

Windows 用一个"．．"表示其上一级目录。

在 Windows 环境下，很多情况下都不必直接使用路径，因为打开一个窗口（如资源管理器）以后，已经将树状目录结构中的路径显示在地址栏中了，当前文件夹下的文件或目录也显示在窗口中了。可以单击相关的文件夹和文件，直接进行有关的操作。但在查找文件等一些场合，或是在程序中，或是一些办公软件中，如果要调用文件，应该给出文件所在的路径。

（4）基本操作

① 创建文件和文件夹。在 Windows 7 中，可以在桌面、驱动器以及任意的文件夹上创建新的文件夹。如果要创建文件夹，可按下述几种方法进行。

方法一：单击"文件"菜单下的"新建"命令，选择"文件夹"，在选定位置出现图标 📁新建文件夹 ，可将默认名称"新建文件夹"修改为需要的文件夹名。

方法二：右击要创建文件夹的空白处，在快捷菜单中选择"新建"下的"文件夹"命令。

方法三：单击"资源管理器"工具面板上的"新建文件夹"，在选定位置出现图标 ■ 新建文件夹 ，可将默认名称"新建文件夹"修改为需要的文件夹名。

创建新文件可以用方法一和方法二，要在菜单中选择需要建立的文件类型。

② 复制文件夹或文件。复制文件夹或文件是指在目的路径复制产生一个与源文件或文件夹相同的文件或文件夹。复制文件或文件夹的方法也有多种。

方法一：在"资源管理器"中，用菜单方式或命令方式复制文件或文件夹。步骤是在源窗口选定要复制的对象。单击"编辑"菜单中的"复制"命令，或按下【Ctrl+C】组合键。再打开目标窗口，单击"编辑"菜单中的"粘贴"命令，或按下【Ctrl+V】组合键。

方法二：用鼠标拖动。如果复制前后的存放位置不在同一个驱动器中，将被选择的对象直接拖到目标窗口即可完成复制。如果在同一驱动器中，则拖动时必须按住【Ctrl】键，否则为移动文件或文件夹。

方法三：利用快捷菜单复制文件或文件夹。首先选定对象，右击，在弹出的快捷菜单中选择"复制"命令，然后在目标窗口右击，在快捷菜单中选择"粘贴"命令，即可完成复制。如果要复制到 U 盘、桌面等，还可使用快捷菜单中的"发送到"命令。

方法四：利用工具面板上的"组织"菜单进行。

a. 选定文件或文件夹。

b. 单击"组织"，弹出菜单，如图 2-8 所示，选择"复制"命令。

c. 选择目标文件夹，再选择"粘贴"命令。

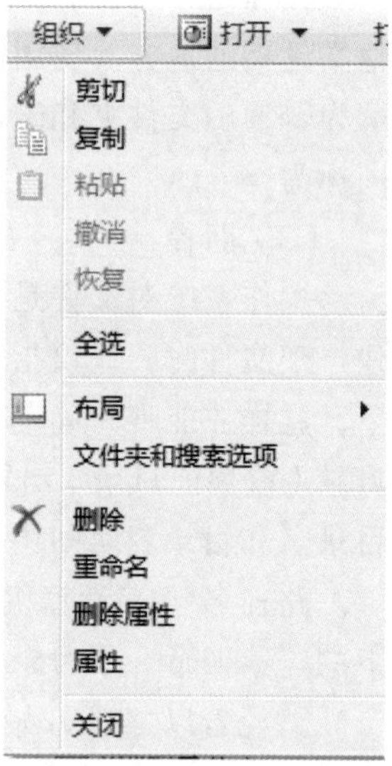

说明：若要一次选定多个相邻的文件或文件夹，可先单击第一个文件或文件夹，然后按住【Shift】键，找到并单击最后一个文件或文件夹。若要一次选定多个不相邻的文件或文件夹，单击第一个文件或文件夹后，按住【Ctrl】键，再单击其余要选择的文件或文件夹。若要选择所有的文件或文件夹，可单击"编辑"菜单下的"全部选定"命令或按组合键【Ctrl+A】。

图 2-8 "组织"菜单

③ 移动文件和文件夹。移动文件和文件夹是指把文件和文件夹从一个位置移动到另外一个文件夹中，移动操作完成后，源位置的文件或文件夹就不存在了。移动文件或文件夹的方法有：

- 鼠标拖动：例如，若把右边窗格中 D 盘下的 biji.txt 文件移动到 E 盘的 temp 文件夹下，则先单击选中 biji.txt 文件，按住鼠标左键不放并拖动鼠标，拖到左边的目标文件夹 temp 处，放开鼠标即可。
- 利用"剪切"和"粘贴"命令：首先将文件和文件夹选定，然后在文件和文件夹上右击，在快捷菜单中选择"剪切"命令。打开目标文件夹，在右边窗格的空白处右击，在快捷菜单中选择"粘贴"命令，即可将其移动过来。
- 利用"组织"菜单进行。

注意："拖放"操作到底是复制还是移动，取决与源文件夹和目的文件夹的关系，在同一磁盘上拖放文件或文件夹是执行移动命令，在不同磁盘之间拖放文件或文件夹执行复制命令；

若拖放文件时按下【Shift】键含义正好颠倒过来；如拖动时按下【Ctrl】键，不管是否是同一个磁盘，都是执行复制操作；但是若拖动的对象是一个程序，不管是否在一个盘上，拖动通常将创建快捷方式，而不能复制文件本身；按住【Shift】键拖动，则可以移动程序。若要复制，一定要按住【Ctrl】键。

④ 修改文件和文件夹的名称。一般情况下，文件或文件夹的名称应尽可能反映出其包含的内容，即应该做到"见名知义"。若对已经存在的文件或文件夹的名称感到不满意，可随时进行名称的修改。例如：若要将 C 盘下子文件夹中名为"biji.txt"的文本文件更改为"笔记.txt"，进行如下操作即可修改文件名：

图 2-9　快捷菜单

选定要重命名的文件"biji.txt"，右击，弹出的快捷菜单如图 2-9 所示。单击快捷菜单中的"重命名"命令，这时文件名中会出现一个编辑框，按退格键（【Backspace】）或删除键（【Delete】）删除原文件名，输入"笔记.txt"后按【Enter】键即可。

⑤ 删除文件和文件夹。当有些文件或文件夹不再需要时，可将其删除掉，以便腾出存储空间。删除后的文件或文件夹将被移动到"回收站"中，可以根据需要选择将回收站的文件进行彻底删除或还原到原来的位置。

在选定了文件或文件夹后，删除文件有以下几种方法：

一是直接按键盘上的【Delete】键；二是单击"文件"菜单下的"删除"命令；三是右击文件或文件夹，从弹出的快捷菜单中选择"删除"命令；四是单击工具面板中的"组织"菜单中的"删除"命令；最后还可以直接将选定对象拖到桌面上的"回收站"。

注意：如果在"回收站"的属性设置中，选中"显示删除确认对话框"复选框，则在删除文件时，将弹出"确认×××删除"对话框。

按下【Shift+Delete】组合键将直接删除文件，而不放入回收站。

⑥ 恢复被删除的文件和文件夹。被删除的文件或文件夹通常情况下仍存放在回收站中，并没有真正从磁盘上彻底清除，还可将其还原，即恢复到删除前的状态，可以按如下步骤进行操作：

双击桌面上的"回收站"图标，打开"回收站"窗口，如图 2-10 所示。在"回收站"窗口中选定需要还原的文件、文件夹或快捷方式，右击，从弹出的快捷菜单中选择"还原"命令即可，或者选定要还原的对象，单击工具面板上的"还原此项目"。

⑦ 更改文件或文件夹的属性。文件或文件夹的属性记录了文件或文件夹的有关信息，用户可查看、修改和设定文件或文件夹的属性。右击文件，在弹出的快捷菜单中选择"属性"命令，弹出图 2-11 所示的"×××属性"对话框。在"常规"选项卡的属性栏中记录了文件的图标、名称、位置、大小等不能任意更改的信息，另外也提供了可以更改的文件的"打开方式"和属性。其中"只读"属性表明只能对该文件进行读的操作，不允许更改和删除。若将文件设置为"隐藏"属性，则该文件在常规显示中将不被看到，可避免文件因意外操作被删除或损坏。

更改文件夹属性的操作与更改文件的属性操作完全一样，但在文件夹"常规"选项卡中，没有"打开方式"和"更改"按钮，如图 2-12 所示。

图 2-10   "回收站"窗口

图 2-11   文件"属性"对话框

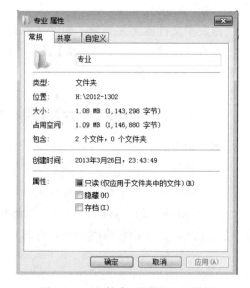

图 2-12   文件夹"属性"对话框

⑧ 显示隐藏文件或文件夹。在系统默认状态下，出于安全性的考虑，有些文件或文件夹是不显示在文件夹窗口中的，如系统文件、隐藏文件等。如果需要修改或删除这些文件或文件夹，则首先必须将它们显示出来。操作的一般方法为：

单击"工具"菜单下的"文件夹选项"，打开"文件夹选项"对话框，单击"查看"选项卡，在"高级设置"下拉列表框中选择"显示所有文件和文件夹"单选按钮。如果要显示"受保护的操作系统文件"，可以清除"隐藏受保护的系统文件（推荐）"复选框，这时系统会显示警告信息，在警告信息框中单击"是"按钮。

5．库的使用

在 Windows 7 中，引入了一个"库"功能。Windows 7 的"库"把搜索功能和文件管理功能整合在一起进行文件管理，其实质是将分布在硬盘上不同位置的同类型文件进行索引，将文件信息保存到"库"中，也就是说库里面保存的只是一些文件夹或文件的快捷方式，并没有改变文件的原始路径。这样通过库可以将散落在各个盘符、路径下的相关文件如视频、音频、图片、文档等资料进行统一管理、搜索，从而可以大大提高工作效率。

Windows 7 系统默认建有四个库：视频库、音乐库、图片库、文档库。打开资源管理器，在左侧窗口可以看到库的基本情况。单击相应的库名，则库里的内容可以显示在工作区内。往库里添加内容的方法是在库名上右击，在弹出的快捷菜单中选择"属性"命令，打开属性对话框，单击"包含文件夹"按钮，选择文件夹即可。

用户也可以创建自己的新库，比如，为下载文件夹创建一个库。方法一是在"Windows 7 资源管理器"窗口中，单击工具栏中的"新建库"进行新建，方法二是首先在任务栏中单击"库"图标 ，打开"库"文件夹，在"库"中右击"新建"→"库"，创建一个新库，并输入库的名称。再按照前面介绍过的方法，选择文件夹，将其包含到库里即可。可以在一个库里添加多个子库，这样可以将不同文件夹中的同一类型的文件放在同一库中进行集中管理。

为了让用户更方便地在"库"中查找资料，系统提供了强大的"库"搜索功能，这样可以不用打开相应的文件或文件夹就能找到需要的资料。

搜索时，在"库"窗口上面的搜索框中输入需要搜索文件的关键字，随后按【Enter】键，这样系统自动检索当前的库中的文件信息。随后在该窗口中列出搜索到的信息，库搜索功能非常强大，不但能搜索到文件夹、文件标题、文件信息、压缩包中的关键字信息，还能对一些文件中的信息进行检索，这样可以非常轻松找到自己需要的文件。

在库中可以根据需要对某个库进行共享，这样其他用户就可以访问该库了。在 Windows 7 中对库进行共享，和对文件夹共享的方式是一样的，右击需要共享的库，在弹出的菜单中选择"共享"命令，并在下拉菜单中选择共享权限即可。

任务实施

1．任务分析

学习了计算机发展历程之后，小组内讨论并互相讲解补充。

2．任务实现

首先，认真听老师讲解；其次，仔细研读课本。

如果把计算机操作比作是厨师学艺的话，到目前为止我们还只是掌握了必备的锅、铲、碗、碟的使用，并没有利用这些工具制作出属于自己的第一道菜来。要知道，Windows 7 系统中的各项功能都是由程序或软件提供的，下面我们要学习利用程序或软件写出自己的第一篇文章。

（1）准备纸张——记事本程序

纸就是在打字时必须事先准备好写文章的窗口，或者说先启动相应的写文章程序，计算机启动到桌面时只是提供了一个基本的工作环境，并没有将纸铺开、笔墨备好。这里我们从最简单的记事本程序开始学习。

单击"开始"→"所有程序"→"附件"→"记事本"菜单项，启动记事本程序，如图 2-13 所示。

记事本程序窗口很简单，只有标题栏和菜单栏，如图 2-14 所示，工作区是一片空白，这就是我们写文章所需要的白纸，有很多程序可以提供写文章的白纸，这里我们仅仅是以记事本做示范。

图 2-13　启动"记事本"

图 2-14　"记事本"窗口

（2）笔——输入法程序

平时我们写文章时可能会使用各种各样的笔，在计算机中我们可以使用各种各样的输入法来代替笔。观察一下任务栏右下方的一个键盘一样的图标，它就是"笔桶"，我们需要的各种输入法就在这里。单击这个图标，可以看到一个输入法菜单，其中"中文（中国）"前面有个"√"，它表明现在使用的是标准的英文输入法，如果想使用其他的输入法，可以单击相应的菜单项。我们先要练习英文字母的输入，因此保持"中文（中国）"前的"√"不动。

（3）定位——光标

平时写字时总是先将笔尖移动到准备开始的位置后再书写，在计算机里写字也一样，我们通过键盘输入的字母会出现在什么地方呢？再仔细看看记事本窗口工作区的左上方，这里有一个像"I"一样不停闪动的东西，它就是光标，我们必须看到这个不停闪动的光标后才可以输入文字，并且输入的文字将从光标的位置开始出现。

如果记事本窗口处于后台，也就是标题栏呈灰色时，是无法输入文字的，而且这个时候也不会再看见光标了。解决的为法就是单击标题栏，使其重新变成活动窗口。

（4）汉字录入

这里使用智能 ABC 的输入法，在写字板程序的窗口中写一首古诗《静夜思》，注意在书写的过程中每一行之间要用【Enter】键间隔，如图 2-15 所示。

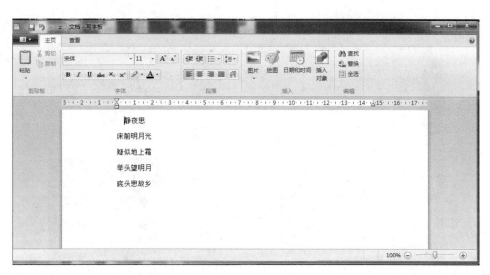

图 2-15　"写字板"窗口

（5）千万不要忘记——保存你的成果

在计算机中生成的文字、图像、音乐、视频等，都要将其保存起来，以备今后在计算机中查看、修改、打印等。

同步训练

使用记事本，编辑朱自清的《背影》，并保存。

任务 3　定制工作环境

任务描述

桌面，就是打开计算机看到的整个计算机屏幕。看到别人计算机桌面非常漂亮，那我们也来个性化一下吧。

相关知识

桌面（Desktop）是用户工作的台面，正如日常的办公桌面一样，是指启动 Windows 之后，首先出现的屏幕上的整个区域，我们将常用的程序或文件以图标的方式放在屏幕上，以便于使用，还可以创建快捷方式，如图 2-16 所示。

图标（Icon）是指 Windows 系统中各种构成元素的图形表示，这些构成元素包括应用程序、磁盘、文件夹、文件、快捷方式等，即操作系统将各个程序和文件用一个个生动形象的小图片来表示，这样就可以很方便地通过图标辨别程序的类型，进行一些复杂的文件操作，如复制、移动、删除文件等。

如果要运行某个程序，需要先找到程序的图标，然后移动鼠标指针至图标上双击即可。如果要对文件进行管理，如复制、删除或者移动，则必须先选定该文件的图标，方法是移动鼠标

计算机公共基础

指针到图标上单击，使该图标高亮显示，表示该图标被选中。

图 2-16 Windows 7 桌面

若对系统默认的桌面主题、壁纸并不满意，可以通过对应的选项设置，进行个性定制，方法是在桌面空白处右击，选择快捷菜单中的"个性化"选项，可进入到桌面布局和主题信息设置当中。Windows 7 系统为用户内置了桌面主题，按照不同的主题类型、风格等进行整齐排列，单击即可自动切换到对应的主题状态当中，同时在"桌面背景"选项中，还可以启用幻灯形式，自动切换壁纸文件等，通过"窗口颜色"可以对界面窗口的色调进行调整。

1．添加桌面图标

在安装好中文版 Windows 7 后，第一次登录系统时，看到的是一个非常简洁的画面，默认的 Windows 7 桌面上只有一个"回收站"图标，充分体现 Windows 7 的简洁风格。如果要在桌面上添加常用的系统图标，可按下列操作步骤操作：

首先右击桌面空白处，弹出如图 2-17 所示的快捷菜单，在该菜单中选择"个性化"命令，即可打开"个性化"窗口，如图 2-18 所示。

在该对话框中可以进行一些个性化的设置，如更换主题、桌面背景、窗口颜色等，也可进行桌面图标的更改，只需要在此对话框中选择左边的"更改桌面图标"命令，即可打开"桌面图标设置"对话框，如图 2-19 所示。在"桌面图标"选项组中选择需要的图标添加到桌面，如"计算机""用户的文件"等。

最后设置完成后，单击"确定"按钮。

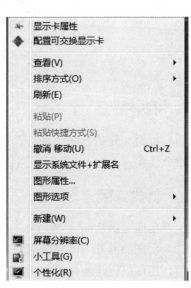

图 2-17 桌面的快捷菜单

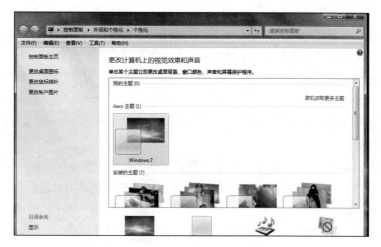

图 2-18　"个性化"窗口

图 2-19　"桌面图标设置"对话框

2．常用图标

常用图标有计算机、回收站、网络等。

（1）计算机

计算机是 Windows 用来管理文件与文件夹的应用程序。双击桌面上的"计算机"图标即可启动"计算机"。使用"计算机"可以查看计算机上的所有内容，如浏览文件与文件夹，新建、复制、移动、删除文件与文件夹、查看网络系统中其他计算机及磁盘驱动器中的内容等。

（2）回收站

回收站是 Windows 为有效地管理已删除文件而准备的应用程序，用于存放所有被删除的文件或文件夹等。当用户为释放磁盘空间，将那些不再使用的旧文件、临时文件和备份文件删除时，Windows 会把它们把放入桌面上的"回收站"中。放入"回收站"中的文件或文件夹并没有真正被清除，只是做好了被清除的准备。如果用户又改变主意，则可以使用"回收站"恢复误删除的文件。如果用户确实想删除某些文件或文件夹，则可以使用"清空回收站"命令，真正释放磁盘空间。双击桌面上的"回收站"图标，即可打开"回收站"。

（3）网络

网络是用户计算机所处的外部环境，它能提供给用户各种不同类型的服务。通过"网络"可以浏览工作组中的计算机和网上的全部计算机以及它们中存储的文件和文件夹，可以知道哪些计算机和网络资源对自己有效。双击"网络"图标，即可打开它的窗口，从中即可查找自己需要的内容。

（4）Internet Explorer

Internet Explorer 是 Internet 浏览器，用于浏览互联网和本地的 Intranet 上的资源。

3．删除桌面图标

要删除桌面上的对象，可右击相应的图标，然后在弹出的快捷菜单中选择"删除"命令。也可将需要删除的图标直接拖动到桌面上的"回收站"，或者是选中要删除的对象后按键盘上的删除键。

4．排列桌面图标

右击桌面空白处，在快捷菜单中选择"查看"命令，如图 2-20 所示，可以选择"大图标""中等图标"或"小图标"方式显示，当"自动排列图标"选项前面有"√"时，表示可以在桌面上自动排列图标。也可以选择按名称、类型、大小等多种方式重新排列桌面上的图标，只要在排序方式中进行选择就可以了。

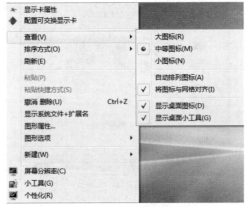

图 2-20　排列图标

5．任务栏

在 Windows 系列系统中，任务栏（taskbar）就是指位于桌面最下方的小长条，主要由快速启动栏、应用程序区、语言选项带和托盘区组成，而 Windows 7 系统的任务栏则有"显示桌面"功能。从"开始"菜单可以打开大部分安装的软件与控制面板，快速启动栏里面存放的是最常用程序的快捷方式，并且可以按照个人喜好拖动并更改。应用程序区是多任务工作时的主要区域之一，它可以存放大部分正在运行的程序窗口。而托盘区则是通过各种小图标形象地显示计算机软硬件的重要信息与杀毒软件动态，托盘区右侧的时钟则时刻伴随着我们。任务栏通常位于桌面的底部，如图 2-21 所示。

图 2-21　Windows 7 任务栏

任务栏从左到右依次为"开始"按钮、快速启动区、窗口显示区和系统托盘区，如图 2-22

所示。可将常用程序的快捷方式放在任务栏的快速启动区，默认情况下包含"Internet Explorer 浏览器""Windows Media Player"等图标。系统托盘区最右边是时钟按钮，还存放有常驻内存的程序图标，如输入法、音量调节、网络连接、防火墙或计算机病毒监控等图标。

在进入 Windows 7 后系统会自动显示任务栏，为了便于工作或追求个性等，用户可以对任务栏进行一些重新设置。方法是在任务栏上右击，在弹出的快捷菜单中，单击"属性"选项，会弹出图 2-22 所示的"任务栏和「开始」菜单属性"对话框，可在对话框中对相关功能进行调整，如恢复到小尺寸的任务栏窗口，也包括对通知区域的图标信息进行调整、是否启用任务栏窗口预览（Aero Peek）功能等。

图 2-22 "任务栏和"开始"菜单属性"对话框

从"任务栏和开始菜单属性"对话框中就可以看出，任务栏主要分了三部分，即任务栏外观、通知区域和使用 Aero Peek 预览桌面。

锁定任务栏：在进行日常操作时，常会一不小心将任务栏拖动到屏幕的左侧或右侧，有时还会将任务栏的宽度拉伸并难以调整到原来的状态，为此，Windows 添加了"锁定任务栏"选项，可以将任务栏锁定，避免误操作。

自动隐藏任务栏：若用户需要的工作面积较大，可勾选"自动隐藏任务栏"，将屏幕下方的任务栏隐藏起来，这样可以让桌面显得更大一些。自动隐藏任务栏后不会显示任务栏，若想要打开任务栏，只需将鼠标指针移动到屏幕下边即可。

使用小图标：进行图标大小的选择，用户可根据需要进行调整。

屏幕上的任务栏位置：默认是在底部。可以点击选择左侧、右侧、顶部。如果是在任务栏未锁定状态下，拖动任务栏可直接将其拖动至桌面四侧。

任务栏按钮：有三个选择，一是"始终合并、隐藏标签"，二为"当任务栏被占满时合并"，第三是"从不合并"。

6. "开始"菜单

"开始"菜单是 Microsoft Windows 系列操作系统图形用户界面（GUI）的基本部分，可以称为是操作系统的中央控制区域，存放了设置系统的绝大多数命令，而且还可以通过该菜单使用安装到当前系统里面的所有的程序。

在默认状态下，"开始"按钮位于屏幕的左下方，是一颗圆形 Windows 标志。在桌面上单击此标志，或者在键盘上按下【Ctrl+Esc】组合键，即可打开"开始"菜单，如图 2-23 所示。

左上角区域为常用软件历史菜单，系统会根据用户使用软件的频率自动把最常用的软件展示在该区域。

常用系统功能区域，可调用常用的系统功能并可进行常用的设置，如查看文档、图片或播放音乐等。也可设置控制面板、设备和打印机等，在最上边有一个 Administrator，为系统用户名和用户图片区，Administrator 是默认的系统管理员身份用户名，单击该名称可打开相应用户的个人文件夹。

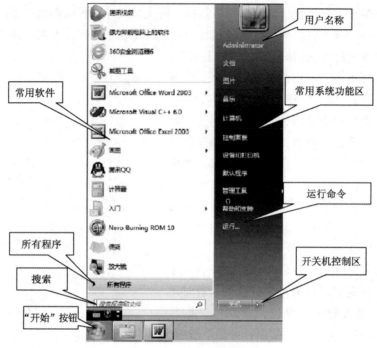

图 2-23 "开始"菜单

左下角区域为所有程序开始导航的地方，单击"所有程序"即可弹出级联菜单，通过该菜单可执行相应的程序，通过"所有程序"下的文件搜索框，可以进行文件搜索。

右下角为开关机控制区，可以通过单击该"关机"按钮关机，也可通过菜单选择进行相应操作，如注销、切换用户、重启等。

"开始"菜单也可以进行个性化设置，方法是在桌面空白处右击，选中快捷菜单中的"个性化"命令，打开"个性化设置"对话框，单击左下角的"任务栏和「开始」菜单"，打开图 2-24 所示的对话框，选择"「开始」菜单"选项卡，即可通过该选项卡进行"开始"菜单的个性化设置。

任务实施

1. 避免审美疲劳——更改桌面背景

每次打开计算机都是相同的桌面，时间长了难免会产生"审美疲劳"。看到别人的计算机桌面五颜六色非常漂亮，十分羡慕，简单地动动鼠标你也可以做到！

在桌面的空白处右击，在弹出的快捷菜单中选择"个性化"命令，这时会弹出"个性化"窗口。

图 2-24 "「开始」菜单"选项卡

单击"桌面背景"选项，弹出窗口如图 2-25 所示。选择喜欢的图片，满意后单击"保存修改"按钮即可。

图 2-25   "桌面背景"窗口

2．请勿打扰——屏幕保护

我们都知道长时间在计算机屏幕前对我们的眼睛不利，隔段时间就需要休息一下，这时没必要关闭计算机，但也不能让计算机一直停在那儿，因为长时间让计算机屏幕停留在一个没有变化的画面上对显示器不利。所以我们要给计算机设置一个屏幕保护程序。

仍然打开"个性化"窗口，单击"屏幕保护程序"选项，打开对话框如图 2-26 所示，从"屏幕保护程序"下拉列表中选择喜欢的保护程序，设置"等待"时间，单击"确定"按钮后，屏幕保护程序将在计算机空闲达到时间后开启。

图 2-26   "屏幕保护程序设置"对话框

单元 ③

Word 2010 文字处理

Word 2010 是一款专业的文字处理软件，方便用户进行文字、图形、图像的输入、编辑、排版以及表格数据的简单处理，主要用于日常办公类文档的制作以及宣传类文档的制作，比如制作通知、产品说明书、个人简历、公司产品广告宣传单等。

知识目标

- 了解 Word 2010 各选项卡的基本功能。
- 了解文字的输入、编辑方法。
- 了解文字格式设置、排版的方法。
- 了解表格制作、处理及简单的计算方法。
- 了解插入、链接对象的方法以及宏的基本操作。

能力目标

- 熟练掌握文字的输入、编辑方法，并能进行图文混排。
- 掌握表格制作、表格数据简单计算的方法。
- 掌握 Word 2010 的高级应用方法。

任务1 编辑学生宿舍安全管理制度

任务描述

为进一步加强学院宿舍的安全管理，需制定《学生宿舍规章制度》，逐步完善宿舍管理与监督体制。《学生宿舍规章制度》中需要设置内容的字体格式、段落格式及项目列表等，如图 3-1 所示。

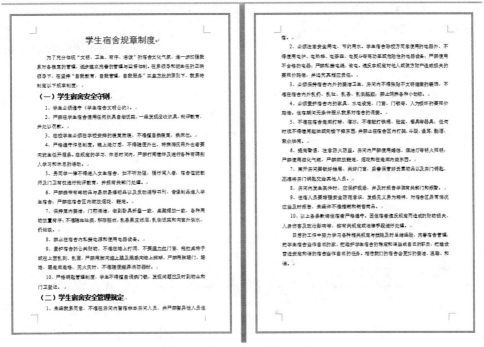

图 3-1　《学生宿舍规章制度》

相关知识

1. Word 的安装与运行

Word 是属于 Office 软件的主要组件之一，在使用 Word 进行文档处理前，需要先在计算机上安装 Office 软件。以 Office 2010 为例，安装的步骤如下：

① 在网上下载或者购买安装光盘获取 Office 安装程序。

② 在计算机中，找到 Office 2010 安装包所在目录，双击打开 Setup.exe 文件，如图 3-2 所示，开始安装。

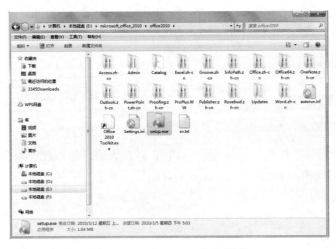

图 3-2　Office 2010 安装程序

③ 系统弹出安装向导对话框，在打开的对话框中选择所需的安装类型，单击"自定义"按钮，如图 3-3 所示。

④ 在打开的对话框的"升级"选项卡中，选中"保留所有早期版本"单选按钮，如图 3-4 所示。

图 3-3　选择安装类型

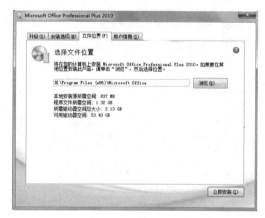

图 3-4　"升级"选项卡

⑤ 选择"安装选项"选项卡，自定义 Microsoft Office 程序的运行方式，Office 2010 中包含多个组件，选择运行"Microsoft Excel""Microsoft PowderPoint""Microsoft Word"等所需要的组件，在不需要组件的左侧下拉列表中选择"不可用"选项，此时该组件左侧的按钮将显示红色叉号，如图 3-5 所示。

⑥ 选择"文件位置"选项卡，如图 3-6 所示。选择软件安装路径，默认的是 C 盘，也可选择其他磁盘。

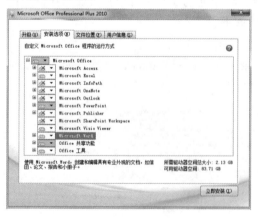

图 3-5　"安装选项"选项卡

图 3-6　"文件位置"选项卡

⑦ 单击"立即安装"按钮，开始安装，如图 3-7 所示，并出现安装进度条，耐心等待，当界面中出现"完成 Office 体验"时，如图 3-8 所示，单击"关闭"按钮，关闭安装向导，完成 Word 软件的安装。

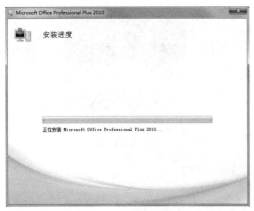

图 3-7 显示安装进度　　　　　　　　　图 3-8 完成 Word 2010 的安装

2. 启动 Word 2010 软件

启动 Word 2010 软件有 3 种常用方法。

（1）从"开始"菜单启动

在 Windows 7 操作系统任务栏中选择"开始"→"所有程序"→"Microsoft Office"→
"Microsoft Office Word 2010"命令，如图 3-9 所示，打开 Word 软件。

（2）通过桌面快捷方式启动

可先在桌面上创建 Word 2010 快捷方式，然后通过双击 Word 2010 快捷方式启动 Word
2010。创建 Word 2010 快捷方式的方法是：在"开始"菜单中选择"Microsoft Office Word 2010"
命令，右击，在快捷菜单中选择"发送到"→"桌面快捷方式"命令，如图 3-10 和图 3-11 所示。

图 3-9 "开始"菜单　　　　　　　　　图 3-10 创建桌面快捷方式

（3）使用快捷菜单启动

在桌面空白处或文件夹的空白处右击，在弹出的快捷菜单中选择"新建"→"DOCX 文档"
命令，如图 3-12 所示，即可创建一个空白的 Word 文档，双击新建的 Word 文档，即可启动
Word 2010。

图 3-11　Word 快捷方式

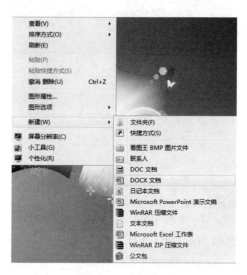

图 3-12　快捷菜单

3．退出 Word 2010

退出 Word 2010 的方法有以下几种。

① 单击 Word 2010 窗口右上角的"关闭"按钮。如果在退出 Word 2010 前没有保存修改过的文档，在单击"关闭"按钮时会弹出一个提示是否保存文档的对话框，如图 3-13 所示，单击"取消"按钮时，返回之前的 Word 2010 编辑窗口。

图 3-13　是否保存文档的对话框

② 选择 Word 2010 窗口左上角的"文件"→"退出"命令，如图 3-14 所示。

③ 双击 Word 2010 窗口左上角的程序图标按钮 ，或单击此程序图标按钮，在弹出的快捷菜单中选择"关闭"命令，如图 3-15 所示。

图 3-14　使用"退出"命令退出程序

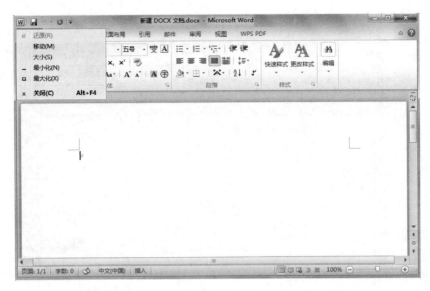

图 3-15　使用程序图标的"关闭"命令退出程序

4．Word 2010 工作界面介绍

打开 Word 2010 后，该软件的界面如图 3-16 所示。Word 2010 工作界面主要由快速访问工具栏、标题栏、"文件"选项卡、功能选项卡、功能区等部分组成。

① 快速访问工具栏：该工具栏中包含"保存""撤销"等常用命令，也可添加个人常用命令。

② 标题栏：显示当前正在编辑的文档的文件名以及所使用的软件名。新建一个 Word 文档时，标题默认为"新建 DOCX 文档- Microsoft Word"，如果打开的是一个已有的 Word 文件，标题栏则显示该文件的名称。当 Word 窗口是缩小状态时，选中标题栏，就可拖动 Word 窗口。标题栏右侧有三个窗口控制按钮，分别是"最小化"按钮 ，"最大化"按钮 、（"还原"按钮 ）、"关闭"按钮 。

③ "文件"选项卡：单击"文件"选项卡，则弹出菜单执行"新建""打开""保存""打印"等基本命令。

④ 功能选项卡：包含"开始""插入""页面布局""引用""邮件""审阅""视图"选项卡，单击其中一个功能选项卡，则会在功能区显示对应的工具等。

⑤ 功能区：按功能进行分组，每组包含许多相对应的功能按钮，单击相应的功能按钮，将执行对应的操作。在每个功能组的右下角有一个对话框启动器 ，单击该按钮，将弹出与该功能组相关的对话框，可在对话框中进行相关设置。

⑥ 文档编辑区：是 Word 的主干部分，文本的输入、图形、图像、表格的编辑等操作都在该区域中进行。

⑦ 状态栏：位于 Word 窗口的底部，可显示文档的基本信息如当前是第几页，一共多少页面和当前文档的总字数等，在状态栏的右侧有"页面视图""阅读版式视图""Web 版式视图""大纲视图""草稿视图"五种文档视图方式按钮 ，还有当前文档显示比例和随访滑块等辅助功能，帮助用户放大或缩小当前文档视图大小。

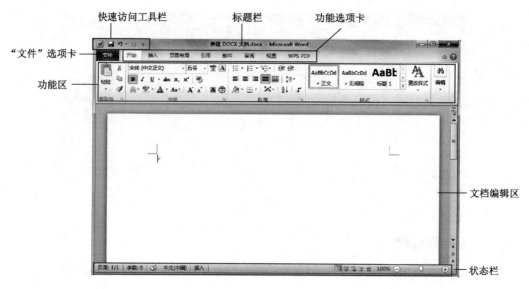

图 3-16　Word 2010 工作界面

5．Word 视图模式

Word 的视图模式除了在 Word 工作界面底部状态栏右侧视图按钮处单击显示以外，还可单击"视图"功能选项卡，在"功能区"就能显示五种文档视图模式。

① 页面视图：该模式是 Word 2010 默认视图方式，它是按照文档的打印效果来显示文档，文档中的文字、图片、页眉、页脚及其他元素显示的样式与打印后的效果一致，如图 3-17 所示。

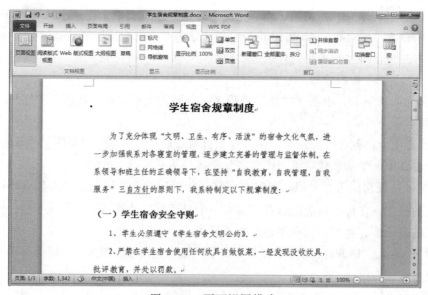

图 3-17　页面视图模式

② 阅读版式视图：文档以图书的分栏样式显示，两页文档会同时显示在窗口中，用户还可单击窗口上方的"工具"按钮选择各种辅助阅读的工具，如图 3-18 所示。

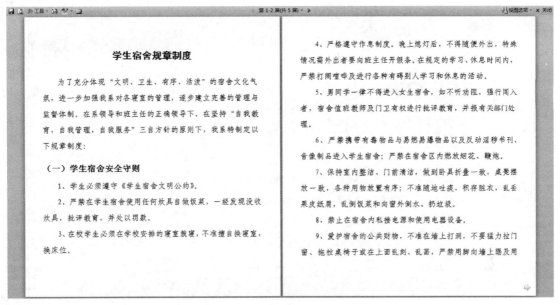

图 3-19　阅读版式视图模式

③ Web 版式视图：文档以网页形式显示，此模式适用于发送电子邮件、创建和编辑网页，文字、图形、图像、表格等元素在网页中呈现的样式与此模式中显示的一致，如图 3-19 所示。

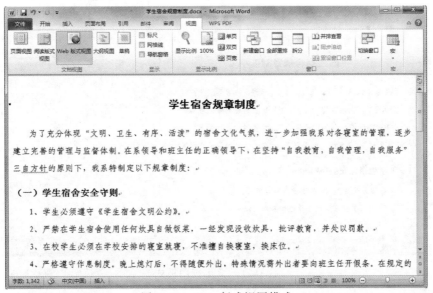

图 3-19　Web 版式视图模式

④ 大纲视图：主要用于文档的设置和显示标题的层级结构，可方便地折叠和展开各种层级的文档。此模式广泛用于长文档的快速浏览和设置中，如图 3-20 所示。

⑤ 草稿视图：此模式取消了文档中页面边距、分栏、页眉页脚、图片等元素的显示，仅呈现文档的标题和正文，如图 3-21 所示。

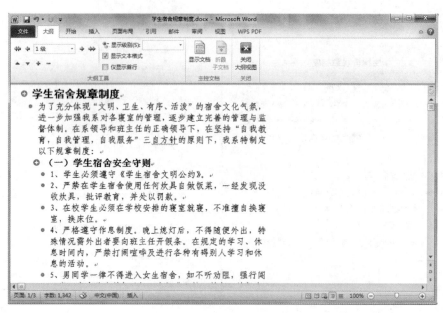

图 3-20　大纲视图模式

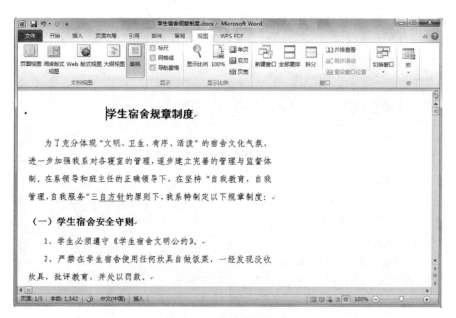

图 3-21　草稿视图模式

6．Word 文档的基本操作

在编辑 Word 文档前，需学会新建、保存、打开和关闭文档。

（1）新建文档

① 创建空白文档。

- 在前面介绍的启动 Word 时可创建空白文档，或选择 Word 工作界面的"文件"选项卡→"新建"→"空白文档"命令即可。

- 在 Word 工作界面左上方的"快速访问工具栏"处单击下拉按钮，选择"新建"命令。

● 按【Ctrl+N】组合键。

② 根据现有内容新建文档

先打开现有的文档，然后选择 Word 工作界面的 "文件" 选项卡→ "新建" → "根据现有内容新建" 即可，此时 Word 2010 会新建一个文档，此文档中的内容就是现有文档中的内容，只不过在新建的文档中编辑不会对现有的文档产生影响。

（2）保存新建的文档

当文档编辑完成之后，需要将其保存起来，下次打开查看或者编辑修改时才可以继续使用，因此，在编辑过程中要养成随时保存文档的习惯，避免因断电或计算机故障而丢失文档数据。文档保存的方法有以下几种：

① 当文档是新建的文档时，单击 "文件" 选项卡，从弹出的菜单中选择 "保存" 命令；或者单击 "快速访问工具栏" 中的 "保存" 按钮 ；或按【Ctrl+S】组合键，即可将文档保存。

② 保存已保存过的文档：此时 Word 2010 将会将文档按照原有的路径、名称以及格式保存。

③ 另存文档：文档已保存在计算机中，若要改变文档保存的位置、文件名或保存类型时，可通过 "另存为" 命令设置。方法是：单击 "文件" 选项卡，从弹出的菜单中选择 "另存为" 命令，如图 3-22 所示，弹出 "另存为" 对话框，如图 3-23 所示，在对话框中重新设置文档的文件名、保存的位置和保存类型，单击 "保存" 按钮，即可将文件重新保存为另一个文档，原有的文档不受影响。

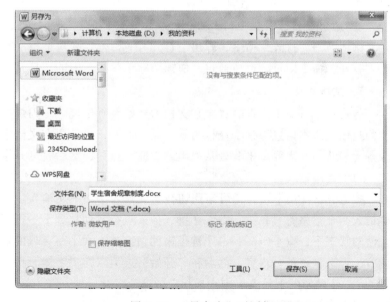

图 3-22 "文件" 选项卡   图 3-23 "另存为" 对话框

④ 自动保存文档：当用户不习惯随时对修改后的文档进行保存时，可将文档设置为自动保存，系统就会按照设置的时间间隔在指定的时间自动保存文档，设置方法是：单击 "文件" 选项卡，从弹出的菜单中选择 "选项" 命令，弹出 "Word 选项" 对话框，在对话框中选择 "保存" 选项卡，然后在右侧的 "保存文档" 区域勾选 "保存自动恢复信息时间间隔" 复选框，并在复选框右侧的微调框中输入保存的时间间隔值，还可在 "自动恢复文件位置" 处更改文档恢复的位置，然后单击 "确定" 按钮即可，如图 3-24 所示。

图 3-24　"保存"选项卡

（3）打开文档

① 直接打开文档：找到文档存放的位置后，双击该文档即可打开。

② 通过"打开"命令打开文档：在编辑文档时，若需要打开其他文档，可直接通过"文件"选项卡→"打开"命令，弹出"打开"对话框，在对话框中找到要打开的文档的位置后单击"打开"命令即可。也可通过"快速访问工具栏"中的"打开"命令打开。

7．文本编辑

新建一个 Word 文档后，会在文档的开始位置出现一个闪烁的光标，这个光标的作用是等待用户输入文本信息，这个光标叫做"插入点"，当需要在文档中的某个位置输入文本或者图像等元素时，则需要单击此处从而确定"插入点"，然后就可开始进行文本的输入。

（1）文本输入

按【Shift+Ctrl】组合键可来回切换英文输入法和中文输入法。按空格键，可在插入点的左侧插入一个空格符号；按【Enter】键，插入点会自动移到下一行行首等待用户输入；在英文输入法的状态下，按【Caps Lock】键可来回切换英文大小写字母的输入，若要转换已输入的英文内容，可选定该部分内容，然后在"开始"选项卡的"字体"功能组中单击"更改大小写"按钮 **Aa▾**，从弹出的下拉菜单中选择相应的命令。

（2）符号、公式输入

如果文本中需要插入一些特殊符号如人民币符号¥、版权符号©等，这些符号无法通过键盘输入时，则可单击"插入"选项卡，在"符号"功能组中单击"符号"下拉按钮，弹出符号下拉菜单，选择相应的符号或者单击"其他符号"按钮，弹出"符号"对话框，在该对话框中有"符号""特殊字符"选项卡，选择需要插入的符号，如图 3-25 所示。若文本中需要输入一些公式，则可单击"插入"选项卡，在"符号"功能组中单击"公式"下拉按钮，弹出"公式"下拉菜单，选择相应的公式或者单击"插入新公式"按钮，弹出"公式工具"选项卡，在功能区中有各种公式符号和结构可供选择，如图 3-26 所示。

图 3-25　"符号"对话框

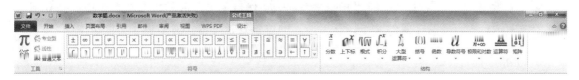

图 3-26　"公式工具"选项卡

（3）选取文本

在对文本进行编辑前，需要先选中文本，选中的方式有三种。

① 使用鼠标选取文本：

● 拖动鼠标左键选取：将鼠标光标定位在需要选取的文本的起始位置，按住鼠标左键不放，向需要选取的文本的结束位置拖动，即可选取该部分文本。

● 单击选取词语：将鼠标指针移动到需要选取的词语的左侧、中间或右侧，单击即可选取该词语。

● 双击选取整个段落：将鼠标指针移动到需要选取的段落的某一行后，双击即可选取整个段落。

② 使用键盘选取文本：

● 【Shift + →】组合键，选取鼠标光标右侧的一个字符。

● 【Shift + ←】组合键，选取鼠标光标左侧的一个字符。

● 【Shift + ↑】组合键，选取鼠标光标位置至上一行相同位置之间的文本。

● 【Shift + ↓】组合键，选取鼠标光标位置至下一行相同位置之间的文本。

● 【Ctrl + A】组合键，选中整个文档。

③ 鼠标结合键盘选取文本：按住【Shift】键不放，将鼠标光标移至要选取文本的结束处，单击即可选取该部分的所有文本内容。按住【Ctrl】键不放，可选取多段不连续的文本内容。按住【Alt】键不放并拖动鼠标即可选取矩形文本区域内容。

（4）移动、复制、删除文本

① 移动文本：在编辑文本时，需要将某部分文本移动到其他位置，移动后文本挪动到新的位置，移动的方法有以下几种：

- 选中需要移动的文本，按【Ctrl+X】组合键剪切文本，然后在需插入的位置处单击，按【Ctrl+V】组合键粘贴移动的文本。
- 选中要移动的文本，选择"开始"选项卡，然后单击"剪贴板"功能组中的"剪切"按钮 ✂ 剪切剪切要移动的文本，在要插入的位置处，单击"剪贴板"功能组中的"粘贴"按钮 📋。
- 选中要移动的文本，右击，弹出快捷菜单，选择"剪切"命令，在需要插入的位置右击，选中弹出的快捷菜单中的"粘贴"命令。
- 选中要移动的文本，然后将鼠标指针移动到该选择的文本上，鼠标指针变成箭头后，将选中的内容拖动到需要插入的位置处即可。

② 复制文本：在编辑文本时，需要复制其他部分的文本时，复制的方法有以下几种。

- 选中需要复制的文本，按【Ctrl+C】组合键复制文本，再将鼠标光标移动到需要插入复制文本的位置，然后按【Ctrl+V】组合键，粘贴复制的文本。
- 选中需要复制的文本，选择"开始"选项卡，然后单击"剪贴板"功能组中的"复制"按钮 📋 复制，复制需要的文本，在要插入的位置处，单击"剪贴板"功能组中的"粘贴"按钮 📋 即可。
- 选中需要复制的文本，右击，弹出快捷菜单，选择"复制"命令，在需要插入的位置右击，弹出的快捷菜单中出现"粘贴选项"，粘贴选项中有三个按钮，若单击"保留源格式"按钮 📋 后文本会复制到想要插入的位置，同时文本会保留原有的格式，若单击"合并格式"按钮 📋，复制的文本会与当前文本格式一致，若单击"只保留文本"按钮 A，则复制的文本会以纯文本的形式插入到指定位置，去掉原有的格式。

③ 删除文本：把鼠标光标定位到需要删除的文本处，按【Backspace】键，即可删除光标左侧的文本，按【Delete】键，即可删除光标右侧的文本；若要删除某一段文本，则可先选中该段文本，然后按【Delete】或【Backspace】键或执行剪切命令即可删除。

（5）查找文本

当文档内容较多，需要查找文档中某部分文本的位置时，最快捷的方式有以下 2 种：

- 通过"导航"窗格查找：按【Ctrl+F】组合键，Word 工作窗口的左侧打开"导航"窗格，或选择"视图"选项卡"显示"功能区，勾选"导航窗格"命令，打开"导航"窗格，或选择"开始"选项卡→"编辑"功能区→"查找"命令，打开"导航"窗格，在窗格上方的搜索框中输入要查的文本内容，在下方的列表框中就可显示包含有该文本的搜索结果，单击每个结果可以跳转到含有该文本的位置。
- 通过"高级查找"查找文本：选择"开始"选项卡→"编辑"功能区→"查找"下拉菜单中的"高级查找"命令，弹出"查找和替换"对话框，在对话框中的"查找内容"的文本框中输入需要查找的文本内容后，多次单击"查找下一处"，直到系统弹出信息提示框，显示"Word 已到达文档的结尾处，是否继续从开始处搜索？"的信息后，即可查找到所有包含此文本的内容的位置。

（6）替换文本

当文档中某些文字写错了，需要修改，如果一个个去查找整个文档中相同的错别字，效率不高而且容易漏掉某处的错别字，此时需要用到"替换"命令，操作方法是：选择"开始"选项卡→"编辑"功能区→"查找"下拉菜单中的"高级查找"命令，弹出"查找和替换"对话框，在对话框中选择"替换"选项卡，在"查找内容"的文本框中输入要替换的文字，在"替换为"文本框中输入替换后的文字，单击"全部替换"按钮，即可将文档中所有的需要替换的文字替换，如图 3-27 所示。

图 3-27　"替换"选项卡

（7）撤销、恢复操作

用户在编辑文档中执行某些操作之后又想要撤销这些操作，恢复到执行操作之前的状态，这时就叫通过【Ctrl+Z】组合键撤销最近的操作，也可通过快速访问工具栏中的"撤销"按钮 ↻ 撤销最近执行的操作。若要恢复之前执行的操作，可通过【Ctrl+Y】组合键，恢复最近执行的操作，或者通过快速访问工具栏中的"恢复"按钮 ↺ 进行恢复。

（8）设置文本格式

Word 文档默认的文本格式是字体为宋体，字号是五号，颜色为黑色，为使文档条理更加清晰，需要对文本的字体、字号等进行格式设置。设置的方法有：

① 通过"字体"功能组设置文本：选择"开始"→"字体"功能组即可对文本的字体、字号与字形等进行设置，如图 3-28 所示。

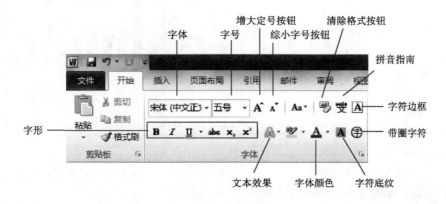

图 3-28　"字体"功能组

- 字体：指文字的外观，系统中提供了多种字体。
- 字号：指文字的大小，系统中提供了多种尺寸的字号。
- 增大、缩小字号按钮：单击后可增大或缩小文字的字号。
- 清除格式：该按钮 ⌫ 与橡皮擦形状相似，单击后能清除文本之前设置的格式。

- 拼音指南：选中需要添加拼音指南的文字，单击"拼音指南"按钮，弹出"拼音指南"对话框，选择相应的设置方式，即可给文字上方添加拼音，如图 3-29 所示。

图 3-29 "拼音指南"对话框

- 字形：指文字的特殊外观，单击相应的按钮，文字可添加加粗、斜体、下画线等效果，也可将文字设置为下标或者上标。
- 文本效果：单击"文本效果"按钮 A，弹出下拉菜单，可设置文本的轮廓、阴影、映像和发光效果，如图 3-30 所示。
- 字体颜色：更改文字的颜色，单击"字体颜色"下拉按钮，即可弹出多种颜色块供用户选择，如图 3-31 所示。

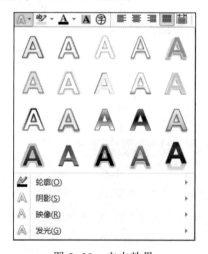

图 3-30 文本效果

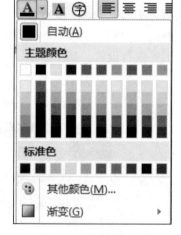

图 3-31 字体颜色块

- 字符底纹：指给文本设置底纹效果。
- 字符边框：指为文本添加边框。
- 带圈字符：选中需要加圈圈效果的文本，单击"带圈字符"按钮，弹出"带圈字符"对话框，选择需要的样式、圈号，即可为文本添加圈圈效果，如图 3-32 所示。

② 通过浮动工具栏设置文本：选中要设置格式的文本，则在选中的文本的右上方出现隐显的浮动工具栏，鼠标指针移动到浮动工具栏区域，即可按照需求选择适合的文本格式命令，如图 3-33 所示。

图 3-32　"带圈字符"对话框　　　　　　　图 3-33　浮动工具栏

③ 通过"字体"对话框设置文本：单击"字体"功能组右下侧的"字体"对话框启动器按钮，打开"字体"对话框，在"字体"选项卡设置文本的字体、有无下画线、下画线的颜色、有无着重号以及文本的效果，如图 3-34 所示。在"高级"选项卡中还可设置字符间距、文字效果等，如图 3-35 所示。

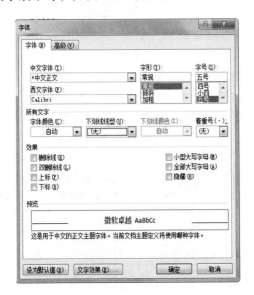

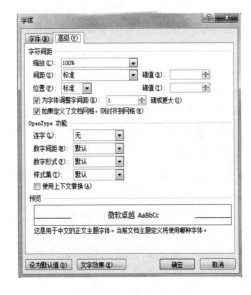

图 3-34　"字体"选项卡　　　　　　　　　图 3-35　"高级"选项卡

（9）设置段落格式

为了使文档结构清晰明了，需要对文档的段落进行段落对齐方式、段落缩进、段落间距等的设置，在"段落"功能组中有对应的设置按钮，如图 3-36 所示。

图 3-36　"段落"功能组

① 段落对齐方式：是指文档中的内容与文档边缘的对齐方式，有左对齐、居中对齐、右对齐、两端对齐、分散对齐五种。设置方法是：选中要对齐的段落，单击"开始"选项卡→"段落"功能组，选择相应的对齐按钮▤▤▤▤，或选中段落后通过选中区域的右上角浮动工具栏来设置对齐方式，或单击"段落"对话框启动按钮后，在打开的"段落"对话框中设置对齐方式。

- 左对齐：单击"左对齐"按钮▤（或按【Ctrl+L】组合键）后，段落文字左侧对齐，右侧参差不齐。
- 居中对齐：单击"居中对齐"按钮▤（或按【Ctrl+E】组合键）后，段落文字居中对齐，左右两侧参差不齐。
- 右对齐：单击"右对齐"按钮▤（或按【Ctrl+R】组合键）后，段落文字右侧对齐，左侧参差不齐。
- 两端对齐：单击"两端对齐"按钮▤（或按【Ctrl+J】组合键）后，段落文字左右两端同时对齐，并根据需要增加字间距，形成整齐的外观，此为 Word 文档默认对齐方式。
- 分散对齐：单击"分散对齐"按钮▤（或按【Ctrl+Shift+J】组合键）后，段落文字向左右两端分散对齐，并根据需要增加字间距。

② 段落缩进：段落的文本与页边距之间的距离，缩进方式有左缩进、右缩进、悬挂缩进、首行缩进。

- 左缩进：设置段落文本与左侧页面之前的缩进位置。
- 右缩进：设置段落文本与右侧页面之间的缩进位置。
- 悬挂缩进：设置段落中除首行外其他行文本的开始位置。
- 首行缩进：设置段落首行文本的开始位置。

设置段落缩进的方法有两种：

> 通过"段落"对话框设置：选中需要设置的段落后，单击"开始"选项卡→"段落"功能组右下角的"段落"对话框启动器▢，弹出"段落"对话框，如图 3-37 所示，在"缩进"类别"左侧"的微调框中输入左侧缩进值，"右侧"的微调框中输入右侧缩进值，在"特殊格式"下拉列表中可选择"首行缩进"及"悬挂缩进"的参数值。如果想改变缩进量的大小，也可单击"段落"选项卡中的"减少缩进量"按钮▤或者"增大缩进量"按钮▤进行调节。

> 通过标尺设置：单击"视图"选项卡，在"显示"功能区勾选"标尺"复选框，即可在 Word 窗口中出现标尺，如图 3-38 所示。选中需缩进的段落，按住鼠标左键拖动缩进标尺上的首行缩进滑块，此时在整个页面上出现垂直的虚线，以显示新边距的位置，即可将段落的首行

图 3-37　"段落"对话框

内容缩进到想要的位置；若按住鼠标左键拖动左缩进标记上方的正三角形滑块，则可

将段落除首行以外的其他行缩进到想要的位置；若按住鼠标左键拖动左缩进标记下方的小矩形，则可将整个段落的所有行缩进到想要的位置。

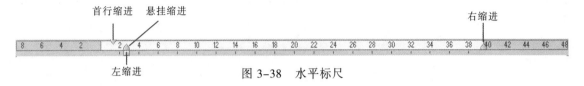

图 3-38　水平标尺

③ 设置段落间距：段落间距的设置包括行间距和段间距的设置。

● 行间距：是指一个段落中行与行之间的垂直距离。

● 段间距：是指两个相邻的段落之间的空白距离。

Word 文档中默认的行间距值是单倍行距。设置行间距和段间距的方法是：选中需要设置的段落，选择"开始"选项卡，单击"段落"功能组右下角的"段落"对话框启动器，打开"段落"对话框，在"间距"项目类别下的"段前"和"段后"微调框中输入想要的数值即可调节段间距·在"行距"下拉列表中选择相应选项，然后在"设置值"微调框中输入想要的数值即可调节行间距。也可以选中行或者段落，然后通过单击"段落"功能组中的"行和段落间距"下拉按钮，在下拉列表中选择相应的值或者单击"行距选项"选项，如图 3-39 所示，在弹出的"段落"对话框中设置行和段落间距。

图 3-39　"行和段落间距"下拉列表

（10）设置项目符号和编号

项目符号和编号是放在几段文本前的符号或编号，以表明这几段文本之间的层级关系，在文档编辑过程中合理使用项目符号和编号，能使文档的结构更加清晰，便于读者阅读。

① 添加系统自带的项目符号和编号：选中要添加项目符号或编号的段落，选择"开始"选项卡"段落"功能组，单击"项目符号"符号按钮▤，或单击"项目符号"下拉按钮，弹出多种项目符号样式，如图 3-40 所示。选择想要的样式即可添加无序项目符号。若要添加有序编号，则需单击"编号"按钮▤或单击"编号"下拉按钮，弹出多种编号格式，选择想要的格式即可，如图 3-41 所示。要重新加一项，只需按【Enter】键即可自动生成项目符号或编号，若需结束自动创建项目符号或编号，只需连续按两次【Enter】键即可，或者按【Backspace】【Delete】键删除新创建的项目符号或编号。Word 2010 也有自动添加项目符号和编号的功能，当用户以编号的方式输入"1、""1.""（1）"等字符后，系统会自动识别用户需要接着输入对应的项目编号，因此用户按【Enter】键后，系统会在第二段自动添加相应的编号。

② 添加自定义的项目符号和编号。添加自定义的项目符号的方法：选中需要添加的段落，单击"开始"选项卡→"段落"功能组→"项目符号"下拉按钮，弹出多种项目符号样式，选择"定义新项目符号"命令，打开"定义新项目符号"对话框，如图 3-42 所示，单击"符号"按钮，在弹出的"符号"对话框中选择想要的样式，如图 3-43 所示。也可单击"图片"按钮，在弹出的"图片项目符号"对话框中选择系统自带的图片样式作为项目符号，如图 3-44 所示，

或通过单击"导入"按钮，导入图片作为项目符号。如要改变项目符号的字体，则需在"定义新项目符号"对话框中单击"字体"按钮，在弹出的"字体"对话框中设置字体格式；若要改变项目符号的对齐方式，只需在"定义新项目符号"对话框中的"对齐方式"下拉列表中选择需要的对齐方式。

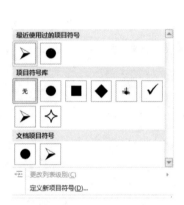

图 3-40　项目符号样式

图 3-41　编号样式

图 3-42　"定义新项目符号"对话框

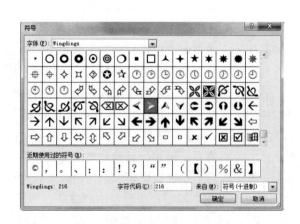

图 3-43　"符号"对话框

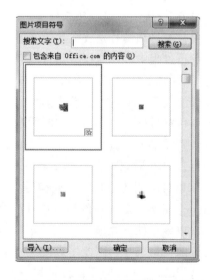

图 3-44　"图片项目符号"对话框

添加自定义的编号的方法：选中需要添加的段落，单击"开始"选项卡→"段落"功能组→"编号"下拉按钮，弹出多种编号样式，选择"定义新编号格式"命令，弹出"定义新编号格式"对话框，如图 3-45 所示，在"编号样式"下拉列表中选择想要的编号样式，然后单击

"字体"按钮，弹出"字体"对话框，在对话框中可设置编号的字体样式。在"编号格式"中输入自定义的编号格式，在"对齐方式"中选择编号的对齐样式，单击"确定"按钮即可。自定义编号格式后若需要更改起始编号，需要接着单击"开始"选项卡→"段落"功能组→"编号"下拉按钮，弹出下拉列表，选择"设置编码值"命令，弹出"起始编号"对话框，如图 3-46所示，在对话框中设置相关参数即可，此外，还可以在弹出的下拉列表中选择"更改列表级别"命令，重新设置编码级别。

图 3-45　"定义新编码格式"对话框　　　　图 3-46　"起始编号"对话框

③　删除项目符号和编号。选中已添加项目符号或编号的段落，打开"开始"选项卡→"段落"功能组，在"项目符号"下拉列表中的"项目符号库"中选择"无"选项即可删除段落项目符号，在"编号"下拉列表中的"编号库"中选择"无"选项即可删除段落编号。若想删除单个的项目符号或编号，可选中该项目符号或编号，按【Backspace】或【Delete】键删除该项目符号或编号。

（11）使用格式刷

当文档中大量的内容都是重复相同的格式时，可以先设置一个段落或者文本的格式，然后使用格式刷将设定好的格式应用于其他段落或者文本中。使用方法是：先选中文档中的某个带格式的文本或者段落，然后选择"开始"选项卡"剪贴板"功能组，单击"格式刷"工具，当鼠标指针变成刷子形状后，拖动鼠标选中目标段落或者文本即可。需要注意的是，"格式刷"工具如果只单击一次，使用格式刷刷完目标段落或文字后，鼠标指针会恢复原样，若想连续复制格式，则需双击"格式刷"工具，然后就可以多次用刷子复制多个段落或文本，若想退出格式复制状态，可以单击"格式刷"工具或者按【Esc】键，鼠标指针就会恢复原样。也可以按【Shift+Ctrl+C】组合键调用格式刷复制格式，按【Shift+Ctrl+V】组合键粘贴格式。

（12）设置边框和底纹

文档中给文字、段落或页面设置边框和底纹，能增添文档的美观性。

①　添加文字和段落的边框、底纹。

● 添加边框：选中文字或段落，单击"开始"选项卡"段落"功能组中"下框线"下拉按钮，弹出下拉列表，选择"边框和底纹"选项，弹出"边框和底纹"对话框，如图 3-47

所示。对话框中"设置"栏目中有 5 种边框样式可供选择，在"样式"列表框中有不同线条样式可以选择，在"颜色"下拉列表中可选择所需的边框颜色，在"宽度"下拉列表中可以选择边框的宽度，在"应用于"下拉列表中可以选择将边框格式应用于文字还是段落，单击"横线"按钮，弹出"横线"对话框，在对话框中还可选择系统自带的横线的样式。

图 3-47　"边框和底纹"对话框

- 添加底纹：打开"边框和底纹"对话框后，选择"底纹"选项卡，可设置底纹需要填充的颜色以及填充的图案样式，还可设置"横线"以及"应用"的范围（是应用于文本还是段落），单击"确定"按钮即可设置完成，如图 3-48 所示。

图 3-48　"底纹"选项卡

② 添加页面边框：按照①中的步骤打开"边框和底纹"对话框，选择"页面边框"选项卡，在其中可设置页面边框的相关属性，单击"确定"即可设置完成，如图 3-49 所示。

图 3-49　"页面边框"选项卡

任务实施

1．任务分析

要完成本项工作任务，需要进行以下操作。

① 启动 Word 2010。

② 输入文本、设置标题、正文文本和段落格式、添加项目符号、设置边框和底纹。

2．任务实现

① 启动 Word 2010，新建一个名为"学生宿舍规章制度"的文档，在文档中输入文本内容，如图 3-50 所示。

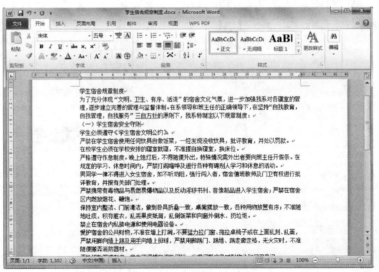

图 3-50　学生宿舍规章制度文本

② 设置标题文本格式。选中标题文本"学生宿舍规章制度"，选择"开始"→"字体"功能组，设置标题字体为"黑体"，字号为"二号"，字体颜色设置为"深红"。单击"字体"功能组右下角的对话框启动器按钮，打开"字体"对话框，选择"高级"选项卡，设置字符间距为"加宽"，"磅值"为"1.4 磅"，如图 3-51 所示。选择"开始"→"段落"功能组，单

击"居中对齐"按钮，设置标题文本居中对齐，单击"段落"功能组右下角的对话框启动器按钮，打开"段落"对话框，在"段后"微调框中的值设置为"1 行"，设置标题与正文第一段落的间距。

图 3-51　设置标题文本字符间距

③ 设置文本和段落格式：选中正文所有内容，选择"开始"→"字体"功能组，设置字号为"小四号"，然后单击"段落"功能组右下角对话框启动器按钮，打开"段落"对话框，如图 3-52 所示，将"行距"设置为"1.5 倍行距"。选中第一段文字，然后单击"段落"功能组右下角启动器按钮，打开"段落"对话框，在"特殊格式"下拉列表中选择"首行缩进"选项，"磅值"为"2 字符"，如图 3-53 所示，然后单击"剪贴板"功能组中的"格式刷"工具，鼠标指针变成刷子形状后，选中最后一段文字，将第一段设置的段落格式复制给最后一段文字。

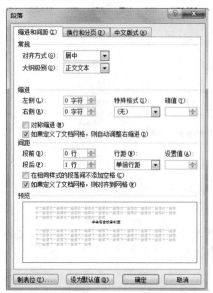

图 3-52　设置标题文本段落间距

图 3-53　设置段落行间距

④ 设置一级标题格式：选中"（一）学生宿舍安全守则"，选择"开始"→"字体"功能组，将字号设置为"三号"，单击"加粗"按钮 **B**，将文字加粗，打开"段落"对话框，在"大纲级别"下拉列表中选择"1 级"，将文本设置为一级标题。单击"剪贴板"中的"格式刷"工具，选中"（二）学生宿舍安全管理规定"文字，复制设置的一级标题格式。

⑤ 添加编号：选中文档中属于"（一）学生宿舍安全守则"的内容，单击"编号"下拉按钮，在下拉列表中选中一种样式后，右击，在弹出的快捷菜单中选择"调整列表缩进"命令，弹出"调整列表缩进量"对话框，在"编号之后"下拉列表中选择"不特别标注"选项，如图 3-54 所示，则编号和编号后面的文字之间没有缩进，再单击"段落"功能组右下角的对话框启动器按钮，打开"段落"对话框，在"特殊格式"中选择"首行缩进"，"磅值"为"0.74 厘米"。依照上述操作，给属于"（二）学生宿舍安全管理规定"的内容添加编号。

⑥ 添加页面边框：单击"段落"功能组中的"框线"下拉按钮，弹出的下拉列表中选择"边框和底纹"，打开"边框和底纹"对话框，选择"页面边框"选项卡，"设置"一栏选择"方框"样式，"线条样式"选择"双实线"，"颜色"设置为"深红"，宽度设置为"0.5 磅"，"应用于"选择"整篇文档"，如图 3-55 所示。

图 3-54　"调整列表缩进量"对话框　　　　　　图 3-55　设置页面边框

⑦ 按【Ctrl+S】组合键，保存文档，然后单击窗口右上角的"关闭"按钮，关闭文档。

⬛ 同步训练

给《关于组织开展"我和我的祖国"主题征文活动的通知》文本设置格式，效果图如图 3-56 所示，要求如下：

标题：字体为"微软雅黑"，字号为"小二号"，居中，段后间距 1 行。

正文：字体为"仿宋"，字号为"小三号"，段后间距 1 行，行距为 1.5 倍行距，首行缩进 2 字符，项目符号依次用"一、""1."标注，一级标题用黑体。

关于组织开展"我和我的祖国"主题征文活动的通知

各直属党委（总支）：

为庆祝新中国成立 70 周年，讴歌新时代，唱响主旋律，弘扬正能量，全方位、多角度呈现新中国成立70年来的伟大成就，校党委宣传部决定举办"我和我的祖国"主题征文活动。现将有关事宜通知如下。

一、征文主题

我和我的祖国。

二、征文对象

全校师生，离退休老干部、老教师。

三、征文要求

图 3-56　最终效果

任务 2　制作旅游宣传片

任务描述

随着国际经济文化交流日益频繁，中国与世界各国在各个领域的合作越来越多，各个城市都在力争与国际接轨，旅游业变得国际化，制作城市旅游宣传册，将能吸引更多的国际友人来武汉旅游，打造"城市品牌"，现需要用 Word 2010 制作一个"武汉旅游景点宣传册"，如图 3-57 所示。

图 3-57　武汉旅游景点宣传片

相关知识

1. 设置纸张

Word 2010 默认的纸张是 A4，像我们平时的试卷是 A3，纸张的大小决定打印出来的纸张的大小，常用的纸张大小还有 16 开、32 开等。每一种纸张类型的宽度和高度都有统一的标准，也可以根据需要修改文档纸张的大小。设置纸张大小的方法：单击"页面布局"→"页面设置"→"纸张大小"按钮，在弹出的下拉列表中可选择常见的纸张类型，也可以选择"其他页面大小"命令，在弹出的"页面设置"→"纸张"选项卡中自定义纸张的宽度和高度，单击"确定"按钮即可。

2. 设置页边距

页边距是指页面的边线到文字的距离，通常文档中插入的文字、图形等元素需要在页边距内部区域，打印时页面上才会显示这些插入的元素。设置页边距，包括设置文档内容与边线的上、下、左、右的距离，装订线的距离，纸张方向等。

设置的方法是：选择"页面布局"选项卡，在"页面设置"功能组中单击"页边距"下拉按钮，弹出下拉列表，从中选择系统自带的页边距样式，也可选择"自定义边距"选项，弹出"页面设置"对话框，在对话框中可任意设置上、下、左、右的页边距的值以及装订线的值、纸张方向等，如图 3-58 所示。

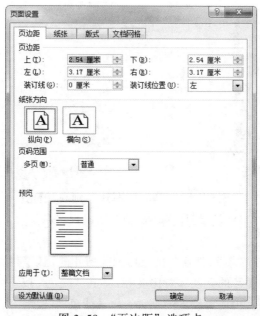

图 3-58　"页边距"选项卡

3. 插入图片

有些情况下，文档中只有纯文字会使文档显得单调，此时插入图片后，文档就变得增加生动、形象。插入的图片可以是来自系统的剪贴画，可以是来自用户自己下载的图片，也可以是屏幕截图。

① 插入剪贴画：单击文档中需要插入剪贴画处，选择"插入"选项卡，在"插图"功能

组中单击"剪贴画"按钮█后，在 Word 窗口的右侧出现"剪贴画"窗格，在窗格的"搜索文字"框中输入相关的剪贴画名称，单击"搜索"按钮，即可在"搜索文字"框下出现与之名称相关的剪贴画，单击选择想要插入的剪贴画，即可将剪贴画插入到文档中，如图 3-59 所示。

② 插入下载的图片：选择"插入"选项卡，在"插图"功能组中单击"图片"按钮█后，弹出"插入图片"对话框，在对话框中找到下载的图片存放的位置后，单击该图片即可将其插入，如图 3-60 所示。

③ 插入屏幕截图：选择"插入"选项卡，在"插图"功能组中单击"屏幕截图"按钮█即可。

图 3-59　"剪贴画"窗格　　　　　图 3-60　"插入图片"对话框

④ 美化图片：文档中插入图片后，单击该图片，则在功能选项卡区域出现"图片工具"的"格式"选项卡，单击"格式"选项卡，在功能区出现"调整""图片样式""排列""大小"四大功能组。

"调整"功能组：单击"删除背景"按钮可删除图片的背景颜色，单击"更正"按钮可设置图片的锐化和柔化以及图片的亮度和对比度等，单击"颜色"按钮可设置图片的颜色饱和度、色调以及图片的透明色等，用得比较多的是"设置透明色"选项，当需要去掉某张图片的背景颜色时，选择"设置透明色"选项，即可去掉图片的背景。

"图片样式"功能组：单击图片总体外观样式的下拉按钮，系统自带多种图片外观样式可供选择，如图 3-61 所示。单击"图片边框"按钮可设置图片边框的颜色、边框的轮廓线、边框的粗细以及边框线条的样式，如图 3-62 所示。单击"图片效果"按钮，可对图片应用某种视觉效果，如阴影、发光、映像或三维旋转等。单击"图片版式"按钮，可将选中的图片转换为 SmartArt 图形。

图 3-61 图片工具"格式"选项卡

"排列"功能组：单击"位置"按钮，可在下拉列表中选择文字环绕该图片的方式，如图 3-63 所示。单击"自动换行"按钮，可在下拉列表中选择图片的环绕方式，如图 3-64 所示。单击"旋转"按钮 ，可以按一定角度旋转图片。

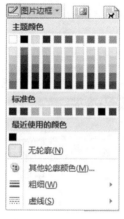 

图 3-62 "图片边框"设置　　　图 3-63 文字环绕方式　　　图 3-64 图片嵌套

"大小"功能组：单击"裁剪"下拉按钮，可选择裁剪的行为，如图 3-65 所示。单击"大小"功能组右下角的对话框启动器按钮，可在弹出的"布局"对话框中设置图片的高度、宽度等，如图 3-66 所示。默认的高度和宽度是等比例的放大和缩小，若不想要等比例调整图片大小，可不勾选"锁定纵横比"。

 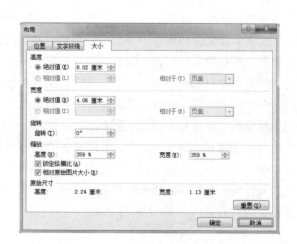

图 3-65 裁剪行为　　　　　　　　图 3-66 设置图片宽度、高度

4．插入艺术字

艺术字能使文字变得更加突出，一般用于标题或者某些需要特别强调的文字。插入艺术字的方法：选择"插入"→"文本"功能组，单击"艺术字"按钮 ⚔，在下拉列表中选择想要的艺术字样式即可，如图 3-67 所示。若要更改艺术字的效果，先选中插入的艺术字，然后在"绘图工具"的"格式"选项卡中就可以重新设置艺术字的样式、文本填充、文本轮廓、文本效果等，如图 3-68 所示。

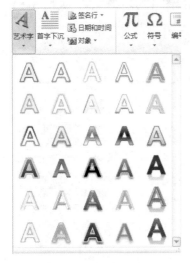

图 3-67　艺术字样式

图 3-68　"艺术字样式"功能组

5．插入形状和 SmartArt 图形

在文档中有时需要用到直线、箭头、标注等，Word 2010 系统就自带一些形状供用户使用。插入形状的方法："插入"→"插图"功能组，单击"形状"按钮，在下拉列表中选择想要插入的形状，如图 3-69 所示，当鼠标指针变成"+"的形状时，在插入的位置按住鼠标左键拖动，即可插入形状。为了使插入的形状更加美观，还可以设置形状的格式：单击插入的形状，出现"绘图工具"的"格式"选项卡，如图 3-70 所示，在"格式"选项卡对应的功能组中可以重新编辑形状、设置形状的填充颜色、轮廓颜色、形状效果、位置、对齐方式、高度、宽度等属性，右击，在弹出的快捷菜单中可选择"添加文字"命令，给图形添加文字，选择"置于顶层"或"置于底层"命令，可垂直方向上移或者下移该图形。当插入多个图形对象时，按【Ctrl】键，连续选中需要组合的图形，右击，在弹出的快捷菜单中选择"组合"命令，可以将多个图形对象组合成一个整体，或者单击"绘图工具"的"格式"选项卡的"排列"功能组中的"组合"按钮，组合成一个整体，还可以单击"对齐"按钮，在下拉的列表中选择图形对象的对齐方式，如图 3-71 所示。

图 3-69　形状样式

图 3-70 形状"格式"选项卡

在文档中有时需要用流程图、关系结构图等表示事件之间的先后关系或者层级关系时可使用 SmartArt 图形来实现。插入 SmartArt 图形的方法：选择"插入"选项卡"插图"功能组，单击 SmartArt 按钮 ，弹出"选择 SmartArt 图形"对话框，在其中有列表、流程、循环、层次结构、关系、矩阵、棱锥图、图片共 8 种 SmartArt 图形样式可供选择，如图 3-72 所示。选择某一类样式后，在列表区域即可看到该类样式的多种图形表示方法，单击其中一种图形表示方法即可在文档中插入 SmartArt 图形，例如，选择"层次结构"样式中的"组织结构图"，如图 3-73 所示，在文档中就插入如图 3-74 所示的一个 SmartArt 图形，在图形左侧出现"在此处键入文字"窗格，可在窗格中输入对应层级的文字，若不需要某个分支，可按【Backspace】键删除，文字输入后还可修改 SmartArt 图形的格式，如图 3-75 所示，修改的方法：选中插入的 SmartArt 图形，出现"SmartArt 工具"的"设计"和"格式"选项卡，在对应的功能组中即可修改 SmartArt 图形的布局、颜色、样式等。

图 3-71 对齐方式

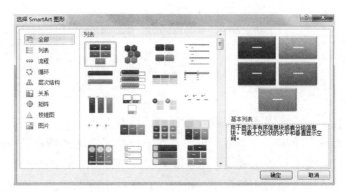

图 3-72 "选择 SmartArt 图形"对话框

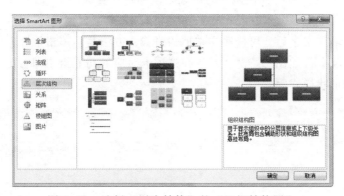

图 3-73 选择"层次结构"的"组织结构图"

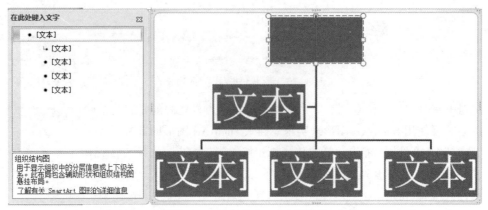

图 3-74　插入的 SmartArt 图形

图 3-75　"SmartArt 工具"选项卡

6．插入文本框

文本框是一种容纳文本或图形的容器，可移动，可调大小。插入文本框的方法：选择"插入"→"文本"功能区，单击"文本框"按钮，在下拉列表中可选择系统内置的文本框样式，则在文档中需要插入的文本框处出现文本框，该文本框中的提示文字被选中，可按【Backspace】键删除其中的文字后，输入要插入的文字。也可以在文档中选择插入"绘制文本框"或"绘制竖排文本框"，选中该选项后，在插入的位置处鼠标指针变成"+"后，按住鼠标左键拖动即可出现一个空白的文本框，就可在其中输入文字。

插入文本框并输入文字后，可修改文本框的格式，方法是：单击该文本框，出现"绘图工具"的"格式"选项卡，如图 3-76 所示，在选项卡对应的功能组中即可更改文本框的格式，比如更改文本框的形状样式等。

图 3-76　文本框"格式"选项卡

7. 插入图表

当文档中需要描述复杂数据时，使用图表会更加直观、形象。插入图表的方法：选择"插入"→"插图"功能区，单击"图表"按钮，弹出"插入图表"对话框，如图 3-77 所示，在对话框中选择一种图表样式后，单击"确定"按钮，在插入图表的位置就出现了图表，同时系统会打开 Excel 2010，在 Excel 中编辑类别名称、系列以及对应的数据后，插入的图表随机会根据 Excel 的数据发生变化，如图 3-78 所示。

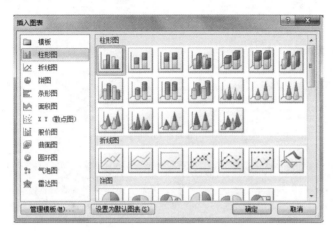

图 3-77　"插入图表"对话框

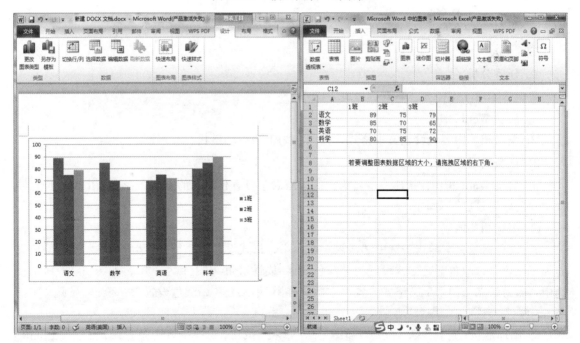

图 3-78　图表数据编辑

编辑图表的方法：选中插入的图表，出现"图表工具"的"设计""布局""格式"选项卡，如图 3-79~图 3-81 所示。"设计"选项卡中，可以设置图表的布局以及样式，还可单击"编辑数据"按钮，重新启动对应的 Excel 表格数据，在 Excel 表中可以插入一行或者一列。在

"布局"选项卡→"标签"功能组中可设置图表标题的样式、坐标轴、图例和数据标签的位置等，在"格式"功能组中可设置图表中柱形填充、轮廓线等颜色。

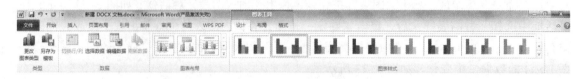

图 3-79　图表"设计"功能组

图 3-80　图表"布局"功能组

图 3-81　图表"格式"功能组

任务实施

1．任务分析

要完成本项工作任务，需要进行以下操作。

① 启动 Word 2010。

② 编辑相关内容，设置文本格式，插入、编辑图片、形状、文本框。

2．任务实现

① 启动 Word 2010，新建一个名为"武汉旅游景点宣传册"的文档，在文档中起始位置输入"武汉旅游景点"文本内容。

② 编辑相关内容。

a. 设置标题文本样式：选中"武汉"两个字，格式设置为"华文行楷，字号 90，颜色设置为"红色"，颜色渐变样式设置为"深色变体–线性对角–右上到左下"，如图 3-82 所示；选中"旅游景点"四个字，格式设置为"微软雅黑 小二号"，颜色设置为"橙色 强调文字颜色 6，深色 25%"。

b. 添加形状：选择"插入"→"插图"→"形状"按钮，选择插入一条直线，然后按【Shift】键，在标题下方插入一条笔直的横线，选中线条，在"绘图工具"的"格式"选项卡的功能组中，将形状轮廓的颜色设置为"橙色 强调文字颜色 6，深色 25%"，粗细设置为 2.25 磅。选择"插入"→"插图"→"形状"按钮，选择插入一个直角三角形，选中直角三角形，在"绘图工具"的"格式"选项卡的功能组中将三角形的填充颜色设置为"橙色 强调文字颜色 6，深色 25%",颜色渐变设置为"深色变体-线性对角-右上到左下",将三角形的轮廓线设置为"无",并将三角形向右旋转 180°，移动到页面的右上角位置。

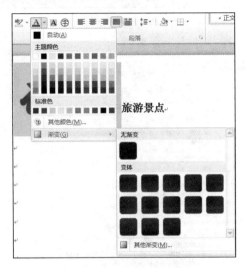

图 3-82 设置文字颜色

c. 添加文本框：选择"插入"→"文本"→"文本框"按钮，在文本框中输入"Travel"，旋转文本框的位置，选中文字，选择"开始"选项卡，将文本框中的文字格式设置为"Calibri 72号"，加粗，颜色设置为白色。

d. 添加图片：选择"插入"→"插图"→"图片"按钮，在弹出的对话框中找到"武汉夜景"图片存放的位置，单击"插入"按钮，选中图片，在"图片工具"的"格式"功能组中将图片的"自行换行"设置为"四周型环绕"，并用鼠标将图片移至合适位置后，再用鼠标拖动图片边缘处，调整图片大小。添加景点的介绍文字，然后分别给每个景点插入相关的图片，单击图片，在"图片工具"的"格式"功能组中将图片的"自行换行"设置为"四周型环绕"，同时单击"裁剪"按钮，将图片裁剪为不同形状。

e. 在文档的最后再次插入"武汉夜景"图片，将其剪裁为直角三角形，插入"地图"图片，插入一个矩形形状，填充颜色设置为"橙色 强调文字颜色 6，深色 25%"，渐变样式设置为"深色变体-线性对角-右上到左下"。最后将图片和形状移动至合适位置。

f. 保存文档。

⊟ 同步训练

在网上搜索图片素材，制作一个"自我介绍"文档，文档中应包含文字、图片、形状等。

任务 3 制作个人简历

▣ 任务描述

毕业季，找工作时需要制作一份个人简历，向用人单位介绍自己的姓名、性别、年龄、学

历等基本信息，此时在 Word 2010 中插入表格，修改相关格式即可完成，最终效果如图 3-83
所示。

图 3-83　个人简历

相关知识

表格是展现文字信息的一种重要方式，文档中有些内容通过表格呈现出来更加清楚、直观。

1. 插入表格

插入表格的方法有多种：

① 通过"表格网格框"：在需要插入表格的位置处，选择"插入"→"表格"功能组，
在下拉列表的"表格网格框"中用鼠标拖动需要插入的行数和列数单击即可，如图 3-84 和图 3-85
所示，图 3-85 是插入一个 4 列 3 行的表格。

② 通过"插入表格"选项：选择"插入"→"表格"功能组，在下拉列表中选择"插入
表格"选项，弹出"插入表格"对话框，如图 3-86 所示，在其中输入列数和行数值，单击"确
定"按钮即可。

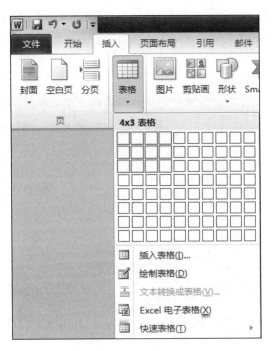

图 3-84 插入表格下拉列表

图 3-85 插入 4 列 3 行的表格

图 3-86 "插入表格"对话框

③ 通过"绘制表格"选项：选择"插入"→"表格"功能组，在下拉列表中选择"绘制表格"选项，鼠标指针变成笔的形状，按住鼠标左键拖动到适合的位置，松开鼠标左键即可插入一个表格的外边框，然后再在表格中绘制多条横线或者竖线即可绘制出完整的表格，若不小心绘制错误，可选择"表格工具"的"设计"→"绘图边框"→"擦除"按钮，鼠标指针变成橡皮擦形状后，单击绘制表格的错误边框，即可擦除画错的部分。

④ 通过"Excel 电子表格"选项：选择"插入"→"表格"功能组，在下拉列表中选择"Excel 电子表格"选项，即可在文档中出现 Excel 小窗口，在其中输入文本或数据后在文档任意处单击，退出电子表格编辑状态，即可形成一个表格。

⑤ 通过"快速表格"选项：选择"插入"→"表格"功能组，在下拉列表中选择"快速表格"选项，右侧出现系统自带一些有特定样式的表格，单击即可插入，如图 3-87 所示。

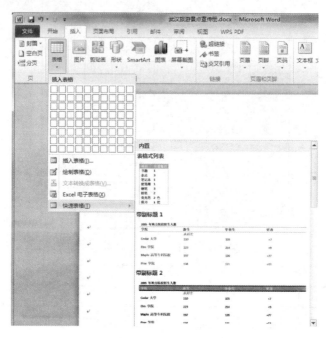

图 3-87　内置的表格

2．编辑表格

表格中的每一个格子称为单元格，单元格中可输入文本或插入图形、图像。插入表格后需要对表格进行相关操作如合并单元格、拆分单元格、删除行、列、表格等。

（1）选中操作对象

表格与文本一样，对表格进行操作前需先选中表格的单元格、行或者列。

选中单元格：将鼠标指针移至单元格的左边框上，当鼠标指针变成➦形状时，单击即可选中一个单元格；连续拖动相邻的单元格，即可选中多个相邻的单元格；按【Ctrl】键同时连续移动到多个单元格的左边框，即可同时选中多个不连续的单元格。

选中行：将鼠标指针移至一行的开头，当鼠标指针变成空心箭头形状时，单击即可选中一行，以此类推，按【Ctrl】键同时将鼠标指针移至一行开头后单击，再将鼠标指针移至下一个不连续的行即可同时选中多行。

选中列：将鼠标指针移至一列的起始单元格的上边框处，当鼠标指针变成向下方向的实心箭头时即可选中一列，连续拖动鼠标指针可选中连续的多列。

选中整个表格：将鼠标指针移至表格内，表格的左上方出现⊞图标，同时右下方出现❐ 图标，单击两者之一即可选中整个表格。

（2）插入行、列和单元格

先选中与要插入的行相邻位置的行，然后右击，在弹出的快捷菜单中选择插入行的位置，如图 3-88 所示。或者选中相邻的行后，单击"表格工具"→"布局"→"行和列"功能组中"在上方插入"或"下方插入"按钮，如图 3-89 所示，插入列与插入行的操作类似。

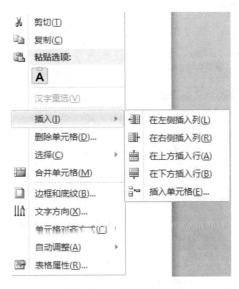

图 3-88　插入行/列

图 3-89　"表格工具"的"布局"选项卡

插入单元格：选中与要插入的单元格相邻位置的单元格，右击，在弹出的快捷菜单中选择"插入单元格"命令，弹出"插入单元格"对话框，如图 3-90 所示，选择其中的一种插入位置。

（3）删除行、列和单元格

删除行、列：选中要删除的行，右击，在快捷菜单中选择"删除单元格"命令，弹出"删除单元格"对话框，如图 3-91 所示，在对话框中选择其中的一种删除方式即可。或者单击"表格工具"→"布局"→"行和列"功能组中单击"删除"下拉按钮，选择其中的一种方式删除即可，删除列、删除单元格的操作与删除行的类似。

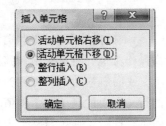

图 3-90　"插入单元格"对话框

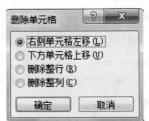

图 3-91　"删除单元格"对话框

（4）合并、拆分单元格、拆分表格

合并单元格：选中需要合并的相邻的一个或多个单元格，单击"表格工具"→"布局"→"合并"功能组中的"合并单元格"按钮▥即可。或者选中需合并的单元后，右击，在弹出的快捷菜单中选择"合并单元格"命令即可。

拆分单元格：选中需要拆分的单元格，单击"表格工具"→"布局"→"合并"功能组中的"拆分单元格"按钮▥，弹出"拆分单元格"对话框，在对话框中输入要拆分的行数和列数即可，如图 3-92 所示。或者选中需要拆分的单元格，右击，在弹出的快捷菜单中选择"拆分单元格"命令，也可弹出"拆分单元格"对话框。

图 3-92　"拆分单元格"对话框

拆分表格：将插入点定位到表格中需要拆分的行内的单元格，单击"表格工具"→"布局"→"合并"功能组中的"拆分表格"按钮▥，这样一个表格就拆分成两个单独的表格了。

（5）表格中输入内容

表格的单元格内可输入文本、图形、图像等元素，单元格会根据输入的内容多少自动换行，表格中文本的格式与 Word 中普通文本的格式的设置方法一致。当需要更改表格中文本的对齐方式时，可选中该单元格，选择"表格工具"→"布局"→"对齐方式"功能组中的几种文字对齐方式，还可在其中更改文字方向以及单元格边距。或者选中单元格后，右击，在弹出的快捷菜单中选择"单元格对齐方式"下拉列表中的几种对齐方式选项。若要设置某一行、某一列或者整个表格的文字对齐方式，只需把该行、该列或整个表格选中，后续操作与上述设置单元格中文本对齐方式的方法一样。

删除表格内容的方法：选中要删除的单元格，按【Delete】键即可。删除行和列的内容的操作与删除单元格内容一致。

3．美化表格

（1）调整表格的行高和列宽

① 自动调整。将插入点定位到表格中，选择"表格工具"→"布局"→"单元格大小"功能组，选择"自动调整"按钮▥，下拉列表中有根据内容、根据窗口、固定列宽三种方式可供选择，当表格是从其他地方复制粘贴到文档中时，文档可能不能完整呈现表格所有内容，此时选择"根据窗口自动调整表格"即可。在"单元格大小"功能组的"高度"和"宽度"中输入值，即可精确调整某个单元格或者某一行、某一列单元格的高度和宽度。当需要把整个表格的高度和宽度设置成一样时，可选择整个表格，然后在"单元格大小"功能组中选择"分布行"▤和"分布列"▥按钮即可。

② 手动调整。将鼠标指针移至需要调整的行的下边线，当鼠标指针变成÷形状时，将鼠标指针向上或向下拖动，即可调整行高。调整列宽与调整行高操作类似，将鼠标指针移至需要调整的列的右边线，当鼠标指针变成┿形状时，将鼠标指针向左或向右拖动，即可调整列宽。需要注意的是，以鼠标的方式拖动行（列）时，只更改相邻的行（列）的高（宽）度值，整个表格的总宽（高）度不受影响，若按【Shift】键后拖动行（列），此行（列）与整个表格的总宽

（高）度随之变化，若按【Ctrl】键拖动行（列），该行（列）和其他行（列）的高（宽）度值随之变化，但整个表格的总宽（高）度值不变。

（2）给表格添加边框和底纹

创建的表格默认是有边框，这个边框包括表格的外边框和表格内各单元格的边框。若要修改整个表格的边框，则选中整个表格，单击"表格工具"→"设计"→"表格样式"功能组中单击"边框"按钮，下拉菜单中选择"边框和底纹"命令，弹出"边框和底纹"对话框，在对话框中即可设置表格的相关属性，如图 3-93 所示。在"边框和底纹"对话框中选择"底纹"选项卡，如图 3-94 所示，可在其中设置表格的底纹颜色和样式。设置单元格的边框和底纹，只用选中该单元格，后续操作与上述设置表格的边框和底纹的方法一致。

图 3-93　"边框和底纹"对话框

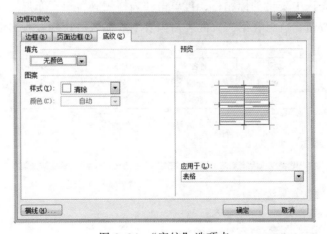

图 3-94　"底纹"选项卡

（3）给表格添加系统样式

Word 2010 系统自带一些表格样式，可快速给插入的表格更改样式，操作方法：选中表格，单击"表格工具"→"设计"→"表格样式"功能组中单击样式下拉按钮，如图 3-95 所示，有多种样式可供选择，还可根据需要在下拉列表中选择"修改表格样式"和"新建表样式"选项。

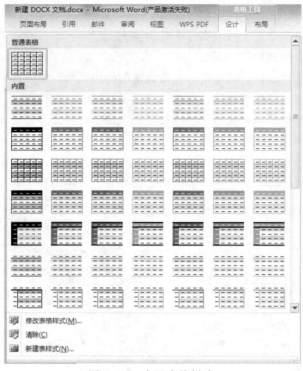

图 3-95　内置表格样式

4. 表格的高级应用

① 重复标题行。当表格内容比较多，跨了页，如图 3-96 所示，希望在第二页的第一行继续显示标题行，可先选中表格的标题行，再单击"表格工具"→"布局"→"数据"功能组中的"重复标题行"按钮，就可在第二页的表格内容上方插入一行标题行，如图 3-97 所示。

学号	姓名	性别	总分
01	张欢	女	560
02	夏阳	男	520

03	王好	男	450
04	吴俊	男	498
05	田红	女	502

图 3-96　跨页的表格

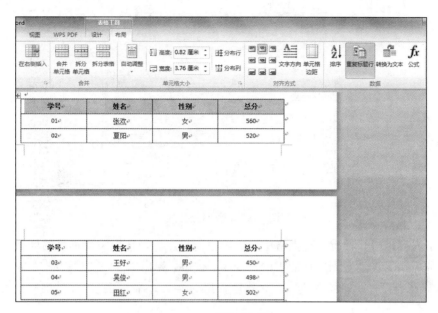

图 3-97　重复标题行

② 函数的使用。表格中插入数据后，若需要对数据进行加减乘除等计算的操作时，可先将插入点移至填计算结果的单元格内，单击"表格工具"→"布局"→"数据"功能组的"公式"按钮，弹出"公式"对话框，如 3-98 所示，要计算某个学生的总分，就在"公式"对话框中的"公式"文本框中输入"=SUM(LEFT)"，单击"确定"按钮即可。"公式"文本框中的"SUM"代表求和函数，括号中的"LEFT"代表求和的区域是当前单元格的左侧，若在右侧就使用"RIGHT"。

学号	姓名	性别	语文	数学	总分
01	张欢	女	79	90	
02	夏阳	男	88	98	
03	王好	男	60	79	
04	吴俊	男	88	90	
05	田红	女	95	90	

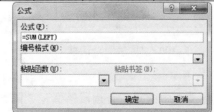

图 3-98　"公式"对话框

若要计算一个班成绩的平均分，则需要在"公式"文本框中输入"=AVERAGE(above)"，如图 3-99 所示。

图 3-99　平均分公式

③ 表格内容排序。若需要对表格中的内容进行排序，可选中需要排序的区域，单击"表格工具"→"布局"→"数据"功能组的"排序"按钮，弹出"排序"对话框，如 3-100 所示，在对话框中输入排序的"主要关键字"、排序依据的类型、升序还是降序排列，单击"确定"按钮即可。

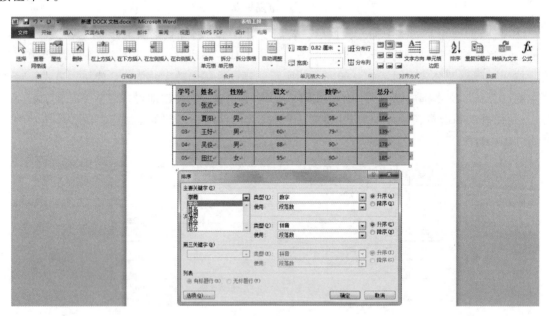

图 3-100　"排序"对话框

④ 表格与文本之间的转换。

- 文本转换为表格：首先需要将文本中的每一行用段落标记↵隔开，每一列用逗号、空格、制表符等隔开，然后选中文本区域，选择"插入"→"表格"功能组，单击"表格"按钮，在下拉列表中选择"插入表格"即可。

- 表格转换为文本：选中表格区域，单击"表格工具"→"布局"→"数据"功能组的"转换为文本"按钮，弹出"表格转换为文本"对话框，如图 3-101 所示，在对话框这选择文本分隔符的样式，即可。

任务实施

1．任务分析

要完成本项工作任务，需要进行以下操作。

① 启动 Word 2010，设置文档页面边距。

② 插入表格，设置表格的行高、列宽、单元格样式等。

2．任务实现

① 启动 Word 2010，新建一个名为"个人简历"的文档，设置文档的页面边距，如图 3-102 所示。在文档中插入一个 12 行×3 列的表格，输入相关信息，并根据单元格的内容，适当调整行高和列宽，如图 3-103 所示。

② 调整表格。

a．设置单元格内文字的格式：将姓名格式设置为"微软雅黑，小一，深蓝，文字 2 淡色 40%"，加粗。将一级标题"教育背景""专业技能"等设置为"微软雅黑 五号，深蓝，文字 2 淡色 40%"，加粗。

b．设置表格和单元格的边框样式。

c．合并第一行前两个单元格，合并最后一行后 2 个单元格。

③ 保存文档。

图 3-101　"表格转换为文本"对话框

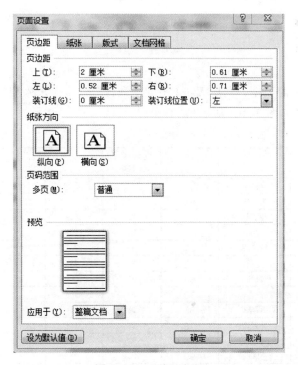

图 3-102　页面边距

张三↵ 应聘岗位：<求职岗位> service@zhangsan.com 138-0000-0000		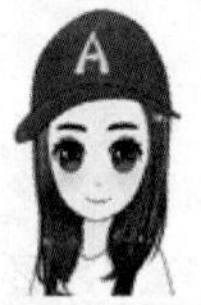
教育背景		
2017.06 - 2018.12	哥伦比亚大学（排名前 10）XX 专业	硕士
2013.09 - 2017.06	乔布大学 XX 专业 • 专业排名：2/33，GPA：3.8/4.0 • 主修课程：计算机基础……	学士
专业技能		
	•语言能力：雅思 7.0，英语 CET6（611） • 软件能力：Photoshop、MATlAB<写上与求职岗位相符合的软件> • 其他证书：证券从业资格证	
实习经历		
2016.10 - 2017.01	XX 公司 •负责公司各个平台的日常推送的审核、线上活动执行、线下活动策划等工作 •审核 30 篇推送内容，在为业主举办的“乐跑赛”等活动中，担任了策划、执行、后期汇报等系列工作的负责人 •<用一句话对经历做简单介绍，将经历过程动作分解，每行描述一个动作> •<用动词+宾语描述每个动作，并尽可能多展示结果> •<请将与岗位相关的实习经历重点写在前面,重点描述可以证明自己能力的内容>	品牌宣传实习生
其他经历		
2017.09 - 2018.06	乔布大学 负责每个月校报的编辑与排版和文章材料的校对 曾因 XX 文章中语句的表述错误，并该于各部门，最终得以改正	校报编辑员
2014.10 - 2016.03	天道教育 负责一些日常邮件、商务往来文件的笔译 负责客户的申请留学资料的翻译工作 解答日常客户对留学申请的一些咨询问题	英语翻译实习生
自我评价	英语读写能力强，有国外留学相关经历 <此处总结与英语、签证的经历> 在校期间担任 3 年寝室长及校报编辑工作，服务意识强，善于解决突发问题 <在此总结实习/校园经历，突出责任感和服务意识>	

图 3-103　插入的表格

同步训练

将图 3-104 所示中的数据，利用 Word 中的函数计算出来，填入相应的单元格中，设置表格相关样式，最终效果如图 3-105 所示。

			期末考试成绩		
学号	姓名	语文	数学	英语	总分
1	黄昱辉	88	90	82	
2	陶鹏	90	92	80	
3	程鹏	78	90	78	
4	章启超	67	95	77	
5	王阳	75	90	93	
6	龚帅	68	90	80	
7	严婷	90	90	78	
8	荣巍	83	92	76	
9	孙嚣琼	76	95	74	
10	谭富友	66	92	77	
11	王陈虎	90	90	93	
	平均分				

图 3-104　表格美化前

期末考试成绩

学号	姓名	语文	数学	英语	总分
1	黄昱埠	88	90	82	260
2	陶瞩	90	92	80	262
3	程瞩	78	90	78	246
4	皇启超	67	95	77	239
5	王阳	75	90	93	258
6	蒲帅	68	90	80	238
7	严将	90	90	78	258
8	莱巍	83	92	76	251
9	孙磊琼	76	95	74	245
10	谋富友	66	92	77	235
11	云晨虔	90	90	93	273
平均分		79.18	91.45	80.73	

图 3-105　表格美化后

任务 4　毕业论文的编辑与排版

任务描述

临近毕业，论文内容已写完，如图 3-106（a）所示，现在需要依据学校规定的"论文编写格式要求"，如图 3-106（b）所示，用 Word 2010 对论文进行编辑和排版，最终效果如图 3-106（c）所示。

基于 Java 的贪吃蛇游戏设计

摘　要：
近年来，Java 作为一种新的编程语言，以其简单性、可移植性和平台无关性等优点，得到了广泛地应用，特别是 Java 与万维网的完美结合，使其成为网络编程和嵌入式编程领域的首选编程语言。eclipse 是 IBM 公司用于快速开发 Java 应用的一款优秀的集成开发环境，它以其友好的开发界面、强大的组件支持以及开源等优点，得到广大程序员的接受和认可。

"贪吃蛇"游戏是一个经典的游戏，它因操作简单、娱乐性强而广受欢迎。本文基于 Java 技术和 eclipse 开发环境，开发了一个操作简单、界面美观、功能较全的"贪吃蛇"游戏。整个游戏程序分为二个功能模块，八个类模块，实现了游戏的开始、暂停、结束。通过本游戏的开发，达到学习 Java 技术和熟悉软件开发流程的目的。

本文在介绍 Java 相关技术和国内外发展现状的基础上，对"贪吃蛇"游戏的整个生命周期的各个开发阶段进行了详细地介绍。首先，分析了开发本游戏软件的可行性，重点分析本设计所采用的技术的可行性。其次，从游戏主界面等几方面，分析了本游戏的功能需求；从可使用性和安全性方面分析了属性需求。然后，进行游戏的概要设计和详细设计，这也是本文的重点。概要设计给出二个功能模块的主框架以及八个类模块的函数调用关系；详细设计介绍了 Java2 标准运行环境的配置，重点给出各个类模块的程序列表，介绍了各个类包含的变量、使用的方法，展示了游戏的界面。为了保证程序代码的正确性和功能实现的可靠性，本文还介绍了游戏软件的程序调试过程和功能测试结果。

关键词：Java，eclipse，贪吃蛇，开发流程

Abstract:
In recent years，Java，as a new programming language，with its simplicity，portability and platform independence and other advantages，had been used widely，especially Java and the perfect combination of the world wide web，to make it a network programming and embedded programming field preferred programming language. Eclipse is IBM used for fast development Java application of a good integrated development environment，with its friendly development interface，powerful components support and open source etc，and receive the accepted and approved by the programmer.

"Snake" game is a classic game，it was simple operation，strong and popular entertainment. This paper，based on the Java technology and eclipse development environment，develop a

（a）排版前

图 3-106

论文格式要求

1、论文题目：

二号宋体字加粗，单倍行距，居中；

2、摘要要求：

摘要	小三号黑体字，居中，段前段后各 30 磅
关键词	小四号黑体字，左缩进 2 个汉字的距离
中文摘要正文和关键词	小四号宋体字，行间距 20 磅，关键词之间用逗号分开
Abstract	Times New Roman 字体，小三号，加粗，居中，段前段后各 30 磅
Key words	Times New Roman 字体，小四号，加粗，左缩进 4 个字母的距离
英文摘要正文和关键词	Times New Roman 字体，小四号，行间距 20 磅，关键词之间用逗号加上一个空格分开

3、目录要求：

目录	小三号黑体字，居中，段前段后各 30 磅
一级标题（如"第四章……"）	小三号、宋体
二级标题（如"4.1 实验装置及方法"）	四号、宋体
三级标题（如"4.2.2 实验装置"）	小四号、宋体

4、引言要求：

小三号、黑体、居中，段前段后各 30 磅

5、正文要求：

正文	小四号宋体、20 磅行距、两端对齐、首行缩进 2 字符
一级标题（如"第四章……"）	小三号黑体、20 磅行距、段前后 30 磅、居中
二级标题（如"4.1 实验装置及方法"）	四号黑体、20 磅行距、段前后 18 磅、居左
三级标题（如"4.2.2 实验装置"）	小四号黑体、20 磅行距、段前后 12 磅、居左
图表的标题	五号黑体、单倍行距、居中、段前空五号字一行
图、表中的文字	汉字用宋体五号字，数字、外文字母用 Times New Roman 五号

6、参考文献：

小三号、黑体、居中，段前段后各 30 磅

7、页眉和页码要求：

页面设置	页面设置 A4，左右 3.2 cm，上下 3.8 cm，页眉 2.8 cm，页脚 3.0 cm
页眉	奇数页页眉显示"湖北职业技术学院"，偶数页页眉显示论文的题目，采用宋体五号字居中
页码	论文开头到目录部分使用罗马数字单独编排，从引言部分开始往后按阿拉伯数字连续编排，页码位于页面底端，靠右书写

（b）格式要求

图 3-106（续）

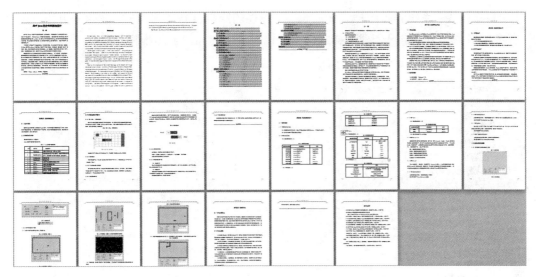

（c）排版后

图 3-106（续）

相关知识

1．使用样式

样式是文档的字体格式和段落格式等的组合，在对较长文档排版时使用样式可提高工作的效率。

（1）应用系统样式

Word 2010 中自带了多种样式，可为文档中的文本设置字体、字号、颜色等，设置方法：选中需要应用样式的文本，选择"开始"→"样式"功能组，在右下角单击对话框启动器按钮，在 Word 2010 窗口的右侧就出现"样式"任务窗格，如图 3-107 所示，就可以在"样式"列表框中选择想要的样式。

若系统中的样式无法满足文档的设置要求，可在"样式"任务窗格中，单击该样式右侧的下拉按钮，在下拉列表中选择"修改"命令，如图 3-108 所示，弹出"修改样式"对话框，如图 3-109 所示，在对话框中可修改样式的"名称"、文本格式等，还可单击左下角的"格式"按钮，在弹出的下拉列表中若单击"段落"命令，即可打开"段落"对话框，设置段落的相关格式。

（2）创建新样式

若系统中的样式与需要的样式完全不一样，可自行创建一个新的样式。创建方法：在打开的"样式"任务窗格中，单击左下角的"新建样式"按钮，弹出"根据格式设置创建新样式"对话框，如图 3-110 所示，在对话框中设置相关值即可。

（3）清除、删除样式

① 清除样式：若要取消文本已应用的样式，需选中文本，在"样式"功能组中单击下拉按钮，如图 3-111 所示，选择"清除样式"命令即可。

② 删除样式：系统自带的样式无法删除，只能删除自己新建的样式，删除的方法：在"样式"任务窗格中，单击自己创建的样式，在下拉列表中选择"全部删除"即可。

图 3-107 "样式"任务窗格

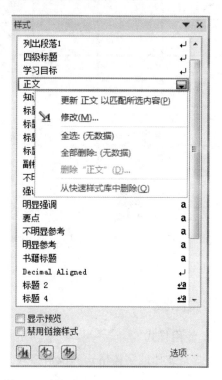

图 3-108 选择"修改"命令

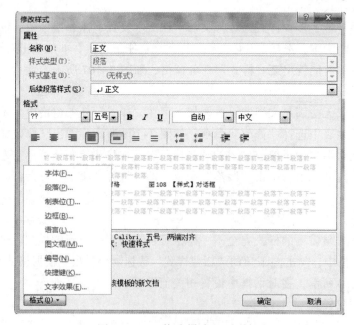

图 3-109 "修改样式"对话框

图 3-110　"根据格式设置创建新样式"对话框

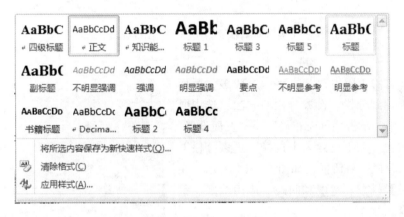

图 3-111　"样式"下拉列表

2．排版方式

（1）文字方向

文字方向默认的是水平从左到右的方向，有时候需要让文字从右至左、从上至下的方式呈现，这时候就需要设置文字方向。设置的方法是选中需要设置方向的文本，选择"页面布局"→"页面设置"→"文字方向"，在下拉列表中选择"垂直"或者"文字方向选项"，如图 3-112 所示，即可打开"文字方向-主文档"对话框，在其中选择文字的一种排列方向即可。

（2）首字下沉

为了让文档更加引人注目，有时候需要将文章开头的第一个字放大，占据 2 行或者 3 行位置，其他文字环绕在它的周围，这种效果叫作"首字下沉"。设置方法：选择要设置的文本，单击"插入"→"文本"→"首字下沉"按钮，在下拉列表中选择"首字下沉"弹出对话框如图 3-113 所示。在对话框中可选择是"下沉"还是"悬挂"，还可设置字体、下沉行数等。"下沉"和"悬挂"的区别在于，设置"下沉"后移动该文本其周围的文字会跟随移动，若设置为"悬挂"，则该文本对周围文字没有影响。

图 3-112 "文字方向-主文档"对话框

图 3-113 "首字下沉"对话框

（3）分栏

在报刊杂志的排版中，若文字内容较多，版面有限，经常要用到分栏。设置分栏的方法：选中要进行分栏的文本，单击"页面布局"→"页面设置"→"分栏"按钮，在下拉列表中选择"更多分栏"命令，弹出"分栏"对话框，如图 3-114 所示，在对话框中可设置栏数、宽度和间距、应用范围、是否加分隔线等。

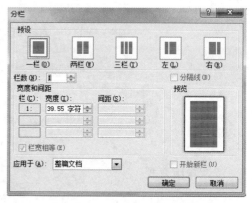

3．插入页眉和页脚

页眉是在文档中每个页面的顶部区域，页脚在每个页面的底部区域，属于文档的附加信息，可插入时间、日期、页码、学校、公司名称、作者姓名等信息。

图 3-114 "分栏"对话框

插入方法：选择"插入"→"页眉和页脚"→"页眉"，在下拉列表中有多种页眉样式可供选择，也可以选择"编辑页码"命令，进入页眉的编辑状态，可在页眉编辑区域输入文本信息，或者在"页眉和页脚工具"的"设计"选项卡对应的功能组中选择"时间和日期"等，即可在页眉中插入对应的元素，如图 3-115 所示。在"位置"功能组中可更改页眉顶端距离，单击"插入'对齐方式'选项卡"还能设置页眉的对齐方式。页脚的插入方法与页眉插入的方法类似。

拓展：上述插入页面页脚后，文档中每页都会出现相同内容的页眉和页脚，若要为奇偶数页面添加不同的页面和页脚，操作方法是：将插入点定位到文档的首页，单击"插入"→"页眉和页脚"→"页眉"按钮，在下拉列表中选择"编辑页眉"命令，在"页眉和页脚工具"的"设计"选项卡中的"选项"功能组勾选"首页不同""奇偶页不同"复选框，若想要去掉首页页眉区域的下边框，可选中该处的段落标记符，然后选择"开始"→"段落"功能组的"无边框"命令即可。然后在首页的页眉位置即可输入首页页眉，在文档的第 2 页也就是偶数页页眉处重新输入偶数页页眉内容，在第 3 页也就是奇数页页眉处输入奇数页页眉内容后，单击"设计"选项卡中的"关闭页眉和页脚"按钮即可。

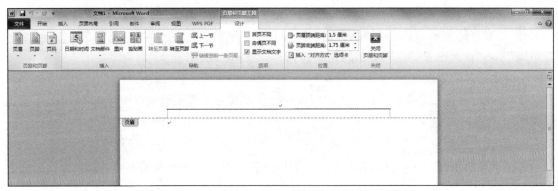

图 3-115　"页眉和页脚工具"的"设计"选项卡

4．插入页码

单击"插入"→"页眉和页脚"→"页码"按钮，在下拉列表中可选择页码的位置和系统自带的样式，如图 3-116 所示，若不喜欢系统的页码样式，可在下拉列表中选择"设置页码格式"命令，如图 3-117 所示，在弹出的"页码格式"对话框中设置页码的格式以及起始页码等。然后在"页面和页脚工具"的"关闭"选项卡中单击"关闭页眉和页脚"即可。

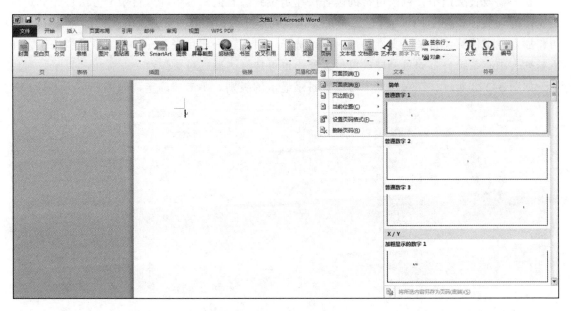

图 3-116　插入页码

5. 插入分页符和分节符

① 分页符是用来标记上一页结束后下一页开始的位置的符号。在页面视图模式下，分页符是一条黑色虚线。插入方法：将插入点定位到要插入分页符的位置，打开"页面布局"→"页面设置"→"分隔符"下拉列表，选择"分页符"命令，此时插入点后面的内容会自动移至下一页。若要显示文档中所有插入的分页符，可通过选择"文件"→"选项"→"显示"，勾选"显示所有格式标记"的复选框来实现。

② 分节符是表示一节的结尾的标记。插入方法：打开"页面布局"→"页面设置"→"分隔符"下拉列表，选择"分节符"中的某一种命令即可。

③ 删除分页符、分节符：将插入点定位到分页符或分节符前面或选中，按【Delete】键删除即可。

图 3-117 "页码格式"对话框

6. 设置页面颜色

选择"页面布局"→"页面背景"→"页面颜色"按钮，在下拉列表中可选择页面的颜色或填充效果。

7. 使用"导航"任务窗格

当文档篇幅较长时，设置标题样式后，可选择"视图"→"显示"，勾选"导航窗格"复选框，在 Word 窗口的左侧出现"导航"窗格，窗格中会按照事先设置的标题样式显示文档的整体结构，单击其中的某一项，页面随即跳转到对应的正文部分。

8. 插入目录

在一篇较长文档中，目录可帮助读者快速定位到想看的内容。插入目录的方法：光标定位到文章的开头，多次按【Enter】键，将正文切换到第 3 页，在第一页开头输入"目录"两个字，再将插入点定位到"目录"文本的下一行，选择"引用"→"目录"，单击"目录"按钮，在下拉列表中有系统自带的目录样式可供选择，也可选择"插入目录"命令，弹出"目录"对话框，如图 3-118 所示，在对话框中可设置目录显示的级别，单击"确定"即可。

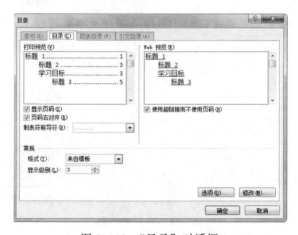

图 3-118 "目录"对话框

更改目录格式：选中整个目录，在"开始"→"字体"功能组中可设置目录的字体样式，在"段落"功能组中可设置目录的行间距、对齐方式等。

删除目录：选择"引用"→"目录"→"更新目录"命令即可。

更新目录：当文档中的内容有修改，则标题及页码可能会与目录内容不符合，因此需要更新目录，方法是：选中整个目录，选择"引用"→"目录"→"更新目录"命令，弹出"更新目录"对话框，如图 3–119 所示，在对话框中选择更新的内容，单击"确定"按钮即可。

9. 插入批注

当需要在 Word 2010 中批改别人的文档，又不想影响文档的格式和内容时，可通过插入批注来实现。方法是：选中需要添加批注的文本，单击"审阅"→"批注"→"新建批注"按钮，文本对应的右侧会出现一个红色的批注框，在批注框中即可输入要批注的内容。

删除批注：选中要删除的批注，在"审阅"→"批注"→"删除"下拉列表选择要删除的对象。还可以在"批注"功能组中精确定位每一条批注。"批注"功能组如图 3–120 所示。

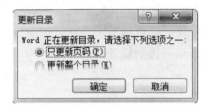

图 3–119　"更新目录"对话框

图 3–120　"批注"功能组

10. 插入题注、脚注和尾注

① 插入题注：当文档中插入多个图片、图形等元素时，可通过添加题注的方式对其进行顺序编号。添加方法：以图片为例，选中该图片，单击"引用"→"题注"→"插入题注"按钮，弹出"题注"对话框，如图 3–121 所示，单击"新建标签"按钮，打开"新建标签"对话框，在对话框中输入标签的名字，单击"确定"按钮，然后返回到"题注"对话框，单击"编号"按钮，弹出"题注编号"对话框，如图 3–122 所示，在对话框中设置编号的格式，单击"确定"按钮，返回到"题注"对话框，在"题注"对话框中若单击"自动插入题注"按钮，打开"自动插入题注"对话框，即可设置自动插入题注的类别，最后单击"确定"按钮即可。

图 3–121　"题注"对话框

图 3–122　"题注编号"对话框

② 脚注和尾注的主要作用是对文档中的某段内容进行解释或补充说明。脚注一般位于当前页面的底部，尾注一般位于整个文档的末尾。插入方法：选中要插入的文本，单击"引用"→"脚注"→"插入题注"按钮，在当前页面的底部出现脚注编辑区域，就可直接输入脚注内容。插入脚注之后，当鼠标指针移至添加了脚注的文本附近时，在文本附近会显示出脚注的内容供读者参考。若要删除插入的脚注，在文中选中脚注标记，按【Delete】键删除即可。插入尾注的方法与插入脚注方法类似。

11．修订文档

当审阅别人的文档时，发现明显的错误，如果直接在文档中修改，别人就不能对比发现修改后的明显差别。此时添加修订，可进行对比。

① 添加修订：单击"审阅"→"修订"→"修订"按钮，文档进入修订状态，选中需要修订的文本，进行修改后，添加文本或删除文本颜色变成红色，当内容都修改完成之后再次单击"修订"按钮，退出修订状态，在"修订"功能组中还可设置是否显示标记。

② 是否接受修订：当文档被修订后，在"修订"功能组中单击"审阅窗格"按钮，可在审阅窗格中单击某一项修订记录，单击后页面跳转到对应位置。定位到某一条修订记录后，单击"审阅"→"更改"→"接受"或者"拒绝"按钮，选择是否接受修订。

任务实施

1．任务分析

要完成本项工作任务，需要进行以下操作。

① 启动 Word 2010，输入论文内容。

② 设置文档页边距、标题、段落、正文样式、插入页眉、页脚、目录等。

2．任务实现

① 设置页边距：打开未排版的论文文档，文档默认的就是 A4 大小，单击"页面设置"→"页面设置"→"页面设置"功能组右下角的对话框启动器，打开"页面设置"对话框，设置页面的左右边距为 3.2 cm，上下边距为 3.8 cm。

② 设置正文格式：按【Ctrl+A】组合键，选中整个文档内容，选择"开始"→"字体"功能组，设置字体格式为：小四号、宋体。右击，在弹出的快捷菜单中选择"段落"命令，打开"段落"对话框，设置首行缩进 2 个字符，行间距值为"30 磅"，单击"确定"按钮即可。

③ 设置论文题目格式：选中论文题目文本，在"开始"→"字体"功能组中将字体设置为二号、宋体、加粗。右击，在弹出的快捷菜单中选择"段落"命令，打开"段落"对话框，设置对齐方式为居中对齐，行间距为单倍行距。

④ 设置摘要格式：选中"摘要"这二个字，在"字体"功能组中将其格式设置为：小三号、黑体。打开"段落"对话框，设置其对齐方式为居中对齐，段间距为：段前 30 磅，段后30 磅。选中"关键词"三个字，在"字体"功能组中将其格式设置为小四号、黑体。摘要正文部分格式与论文正文格式一致，在步骤①中已设置。"Abstract Key words"这两个单词的格式设置方法与设置"摘要"格式类似。

⑤ 设置"引言"和"参考文献"格式：选中"引言"这二个字，在"字体"功能组中将其设置为小三号、黑体，打开"段落"对话框，设置其对齐方式为居中对齐，大纲级别设置为1级，段落间距是段前值为30磅，段后值为30磅，然后单击"开始"→"剪贴板"中格式刷按钮，当鼠标指针变成刷子的形状后，再选中"参考文献"，将"引言"两字的格式复制给"参考文献"四个字。

⑥ 设置文章标题格式：将"第一章……"标题文本选中，在"字体"功能组中将其设置为小三号、黑体。打开"段落"对话框，设置其对齐方式为居中对齐，大纲级别设置为1级，行间距设置为20磅，段落间距设置为段前值30磅，段后值30磅。然后双击"开始"→"剪贴板"中格式刷按钮，当鼠标指针变成刷子的形状后，连续选中文章中其他一级标题，即可复制标题格式。二级标题、三级标题设置方法类似。

⑦ 设置图、表的标题及图、表中的文本格式：设置方法与步骤②类似。

⑧ 调整页面内容：在每一章末尾按【Ctrl+Enter】组合键，添加分页符，使每一章开始内容都在新的页面中显示，增加可读性。

⑨ 插入阿拉伯编号页码：将插入点定位到"引言"两个字前面，选择"页面布局"→"页面设置"→"分隔符"下拉列表中的"分节符-下一页"，在"引言"前插入分节符。将插入点定位到引言所在页面末尾，打开"插入"→"页眉和页脚"→"页码"下拉列表，选择一种靠右插入页码的样式后，在"页眉和页脚工具"→"导航"功能组中单击"链接到前一条页眉"，使当前的页码跟分节符前面的部分不产生关联。选择页脚插入的页面，右击，选择"设置页面格式"命令，弹出"页面格式"对话框，在其中的"页码编号"项中单击"起始页码"，输入数值"1"，单击"确定"按钮，则可让引言部分开始设置为第1页，在页脚编辑状态，再勾选"页眉和页脚工具"→"导航"→"奇偶页不同"选项，然后在页眉位置输入"湖北职业技术学院"，同时在"位置"功能组中设置页眉顶端距离为2.8 cm，页脚底端距离为3.0 cm，然后将插入点定位到下一页，双击页眉位置，进入页眉编辑状态，单击"链接到前一条页眉"，使当前的偶数页码跟分节符前面部分的偶数页面不产生关联，然后在其中输入论文标题，单击"关闭页眉和页脚"按钮。

⑩ 插入目录：在文章开头的英文摘要末尾，按【Ctrl+Enter】组合键插入分页符，在新的页面上输入"目录"两个字，插入点定位到"目录"的下一行，选择"引用"→"目录"→"插入目录"命令，在弹出的"目录"对话框中选择一种样式，单击"确定"即可。然后再按照论文格式要求，设置"目录"文本以及目录中各级标题的格式即可。

⑪ 插入罗马编号页码：将插入点定位到第一页，然后按照步骤⑨，打开"页面格式"对话框，将其编号格式改为罗马编号即可。

同步训练

将图3-123所示文档通过Word进行排版，最终效果如图3-124所示。

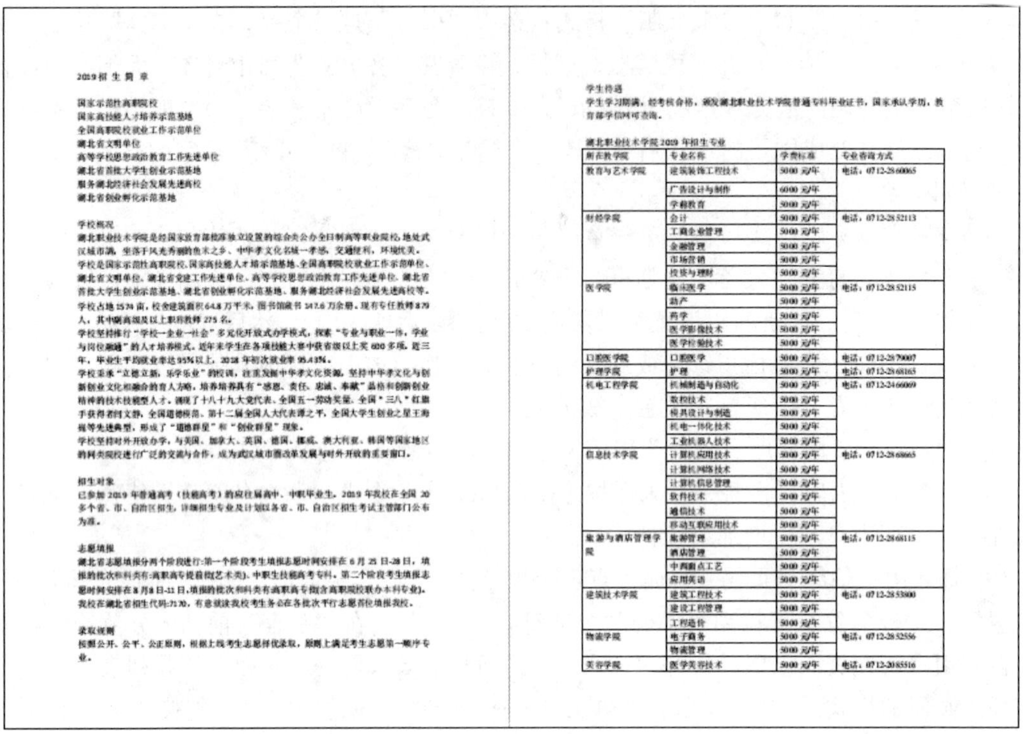

2019招 生 简 章

国家示范性高职院校
国家高技能人才培养示范基地
全国高职院校就业工作示范单位
湖北省文明单位
高等学校思想政治教育工作先进单位
湖北省首批大学生创业示范基地
服务湖北经济社会发展先进高校
湖北省创业孵化示范基地

学校概况
湖北职业技术学院是经国家教育部批准独立设置的综合类公办全日制高等职业院校，地处武汉城市圈，坐落于风光秀丽的鱼米之乡、中华孝文化名城—孝感，交通便利，环境优美。
学校是国家示范性高职院校、国家高技能人才培示范基地、全国高职院校就业工作示范单位、湖北省文明单位、湖北省党建工作先进单位、高等学校思想政治教育工作先进单位、湖北省首批大学生创业示范基地、湖北省创业孵化示范基地、服务湖北经济社会发展先进高校等。
学校占地1574亩，校舍建筑面积64.8万平米，图书馆藏书147.6万余册。现有专任教师879人，其中副高级及以上职称教师275名。
学校坚持推行“学校—企业—社会”多元化开放式办学模式，探索“专业与职业一体，学业与岗位融通”的人才培养模式。近年来学生在各项技能大赛中获省级以上奖600多项。近三年，毕业生平均就业率达95%以上，2018年初次就业率95.43%。
学校秉承“立德立新，乐学乐业”的校训，注重发掘中华孝文化资源，坚持中华孝文化与创新创业文化相融合的育人方略，培养培养具有“感恩、责任、忠诚、奉献”品格和创新创业精神的技术技能型人才。涌现了十八十九大党代表、全国五一劳动奖章、全国“三八”红旗手获得者闫文静，全国道德模范、第十二届全国人大代表谭之平，全国大学生创业之星王海巍等先进典型，形成了“道德群星”和“创业群星”现象。
学校坚持对外开放办学，与美国、加拿大、英国、德国、挪威、澳大利亚、韩国等国家地区的同类院校进行广泛的交流与合作，成为武汉城市圈改革发展与对外开放的重要窗口。

招生对象
已参加2019年普通高考（技能高考）的应往届高中、中职毕业生。2019年我校在全国20多个省、市、自治区招生，详细招生专业及计划以各省、市、自治区招生考试主管部门公布为准。

志愿填报
湖北省志愿填报分两个阶段进行:第一个阶段考生填报志愿时间安排在6月25日-28日，填报的批次和科类有:高职高专提前批(艺术类)、中职生技能高考专科。第二个阶段考生填报志愿时间安排在8月8日-11日,填报的批次和科类有:高职高专批(含高职院校联办本科专业)。
我校在湖北省招生代码:7170，有意就读我校考生务必在各批次平行志愿首位填报我校。

录取规则
按照公开、公平、公正原则，根据上线考生志愿择优录取，原则上满足考生志愿第一顺序专业。

学生待遇
学生学习期满，经考核合格，颁发湖北职业技术学院普通专科毕业证书，国家承认学历，教育部学信网可查询。

湖北职业技术学院2019年招生专业

所在教学院	专业名称	学费标准	专业咨询方式
教育与艺术学院	建筑装饰工程技术	5000元/年	电话：0712-2860065
	广告设计与制作	6000元/年	
	学前教育	5000元/年	
财经学院	会计	5000元/年	电话：0712-2852113
	工商企业管理	5000元/年	
	金融管理	5000元/年	
	市场营销	5000元/年	
	投资与理财	5000元/年	
医学院	临床医学	5000元/年	电话：0712-2852115
	助产	5000元/年	
	药学	5000元/年	
	医学影像技术	5000元/年	
	医学检验技术	5000元/年	
口腔医学院	口腔医学	5000元/年	电话：0712-2879007
护理学院	护理	5000元/年	电话：0712-2868165
机电工程学院	机械制造与自动化	5000元/年	电话：0712-2466069
	数控技术	5000元/年	
	模具设计与制造	5000元/年	
	机电一体化技术	5000元/年	
	工业机器人技术	5000元/年	
信息技术学院	计算机应用技术	5000元/年	电话：0712-2868665
	计算机网络技术	5000元/年	
	计算机信息管理	5000元/年	
	软件技术	5000元/年	
	通信技术	5000元/年	
	移动互联应用技术	5000元/年	
旅游与酒店管理学院	旅游管理	5000元/年	电话：0712-2868115
	酒店管理	5000元/年	
	中西面点工艺	5000元/年	
	应用英语	5000元/年	
建筑技术学院	建筑工程技术	5000元/年	电话：0712-2853800
	建设工程管理	5000元/年	
	工程造价	5000元/年	
物流学院	电子商务	5000元/年	电话：0712-2852556
	物流管理	5000元/年	
美容学院	医学美容技术	5000元/年	电话：0712-2085516

图 3-123　排版前

图 3-124　排版后

任务 5　制作席位牌

任务描述

本例通过制作会议席位牌，拓展学生知识视野，了解 Word 在实际生活中的广泛应用。实例效果如图 3-125 所示。

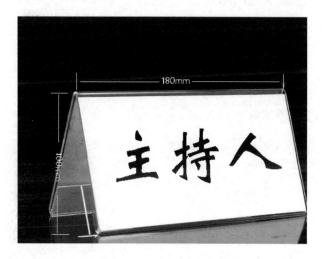

图 3-125　席位牌完成效果

任务实施

1．任务分析

要完成本项工作任务，需要进行以下操作。

① 启动 Word 2010。

② 设置文档页边距、添加表格、添加文字、设置文字格式、设置文字方向等。

2．任务实现

① 启动 Word 2010，，新建一个空白文档。

② 页面设置：默认页面大小为 A4，选择"页面布局"选项卡中的"纸张方向"，单击下拉按钮，将纸张方向设置为"横向"，在"页面布局"中选择"页边距"→"自定义边距"选项，弹出"页面设置"对话框，将上下左右都设置为 0 厘米，如图 3-126 所示，单击"确定"按钮，弹出提示框，如图 3-127 所示，单击"忽略"按钮即可。

③ 插入表格：根据席位牌的宽度和高度，插入一个 1 行 2 列的"表格"，将表格的行高设置为 18 厘米，

图 3-126　"页面设置"对话框

列宽设置为 10 厘米。具体操作步骤如下：选择"插入"选项卡中的"表格"，拖动鼠标选择一个 1 行 2 列的表格。

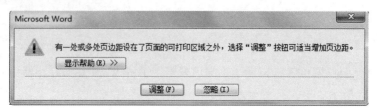

图 3-127　提示框

④ 选中表格，右击，在弹出的快捷菜单中选择"表格属性"，弹出"表格属性"对话框，将表格的"对齐方式"设置为"居中"显示，如图 3-128 所示。选择"行"选项卡，将"指定高度"设置为 18 厘米，选择"列"选项卡，将"指定宽度"设置为 10 厘米，单击"确定"按钮，如图 3-129 和图 3-130 所示。

图 3-128　"表格属性"对话框

图 3-129　"行"选项卡

图 3-130　"列"选项卡

⑤ 输入文字：在两列单元格中均输入"主持人"三个字，选中第 1 列单元格的文字，右击，在弹出的快捷菜单中选择"文字方向"选项，弹出"文字方向—表格单元格"对话框，在对话框中选择图 3-131 所示的文字方向，同理，将第 2 列单元格的文字方向设置为图 3-132 所示的方向。选中表格，右击，在弹出的快捷菜单中选择"单元格对齐方式"为"居中"对齐，如图 3-133 所示。

图 3-131　设置单元格文字方向 1

图 3-132　设置单元格文字方向 2

图 3-133　设置单元格对齐方式

⑥ 设置文字格式：选中两列单元格文字，单击"开始"选项卡，将文字的字体设置为"华文新魏"，字号设置为"150"即可，如图 3-134 所示。

⑦ 选中表格，右击，在弹出的快捷菜单中选择"边框和底纹"，在弹出的"边框和底纹"中选择"方框"样式，如图 3-135 所示，去除两列中间的竖线，如图 3-136 所示。

⑧ 选择"文件"→"打印"命令，再将席位卡裁剪后对折即可放入席位牌中。

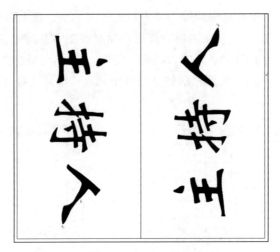

图 3-134　设置字体

图 3-135　选择"方框"样式

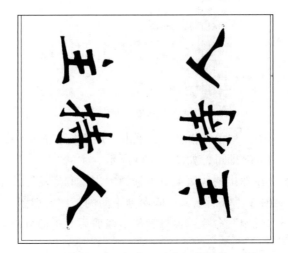

图 3-136　去除两列中间的竖线

任务 6　邮　件　合　并

任务描述

本例通过制作《告家长书》，让学生了解 Word 中邮件合并在实际生活中的应用。实例如图 3-137 所示。

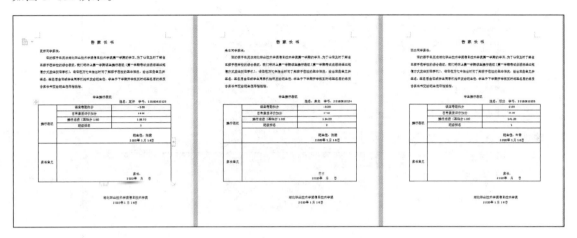

图 3-137　邮件合并后的效果

任务实施

1．任务分析

邮件主要适用于创建格式统一、内容基本一致、在某些同类关键词处有变化的文档。例如创建会议通知、录取通知书、成绩单等。邮件合并进程涉及三个文档：主文档、数据源和合并文档。要完成本项工作任务，需要进行以下操作。

① 启动 Word 2010。

② 设置主文档、数据源，并合并文档。

2．任务实现

① 用 Word 2010 打开《告家长书》模板，单击"邮件"选项卡，选择"开始邮件合并"→"邮件合并分步向导"，在窗口右侧出现"邮件合并"任务窗格，在"正在使用的文档是什么类型？"中选择默认的"信函"选项，如图 3-138 所示。

② 单击"下一步 正在启动文档"按钮，接着单击"下一步 选取收件人"，如图 3-139 所示。

③ 单击"邮件合并"任务窗格中的"浏览"按钮，找到"告家长书数据源.xlsx"文件所存路径，单击"确定"按钮，再单击"下一步 撰写信函"按钮，如图 3-140 所示。

④ 将光标定位到《告家长书》的抬头位置，也就是"同学家长"这四个字的前面，如图 3-141 所示，然后单击"撰写信函"中的"其他项目"选项，弹出"插入合并域"对话框，选择"姓名"后点击"插入"按钮，此时在"同学家长"前面出现"《姓名》"内容，如图 3-142 所示。

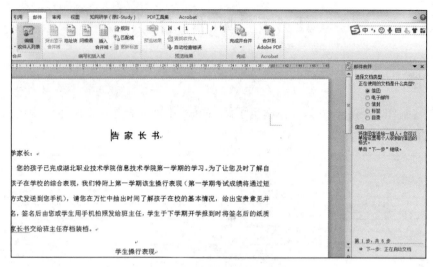

图 3-138　文档类型—信函

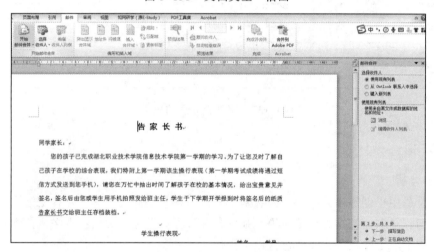

图 3-139　选择收件人

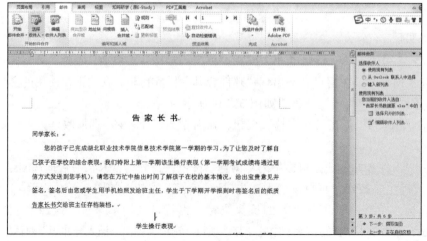

图 3-140　选择数据源

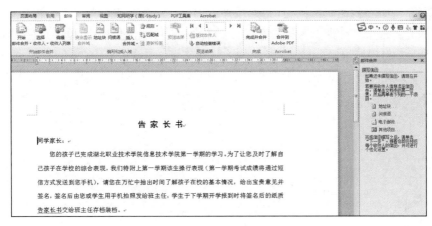

图 3-141　光标定位

图 3-142　插入合并域

⑤ 同步骤④，将光标依次定位到"姓名："“学号："“课堂考勤扣分”“日常素质评价加分”“操行成绩（基础分 100）"“班级排名"“班主任："的后面后，单击"其他项目"，选择相应的选项后单击"插入"按钮，如图 3-143 所示。

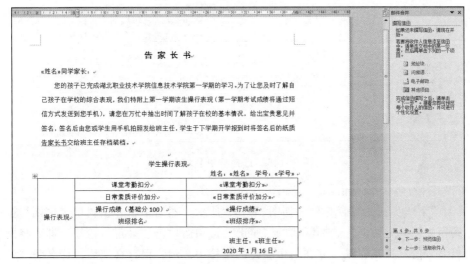

图 3-143　插入其他合并域

⑥ 需要将"课堂考勤扣分""日常素质评价加分""操行成绩"三部分内容保留 2 位小数，操作方法是：选中"《课堂考勤扣分》"，右击，在弹出的快捷菜单中选择"编辑域"，如图 3-144 所示，出现域编辑区域，在英文输入法状态下，在域中加入"\#"符号，再输入"0.00"（包括双引号），此时分数将保留 2 位小数，若想保留 3 位小数，则输入"0.000"，以此类推。将光标放入该域中，右击，在弹出的快捷菜单中选择"更新域"，其他分数项依次类推，如图 3-145 所示。

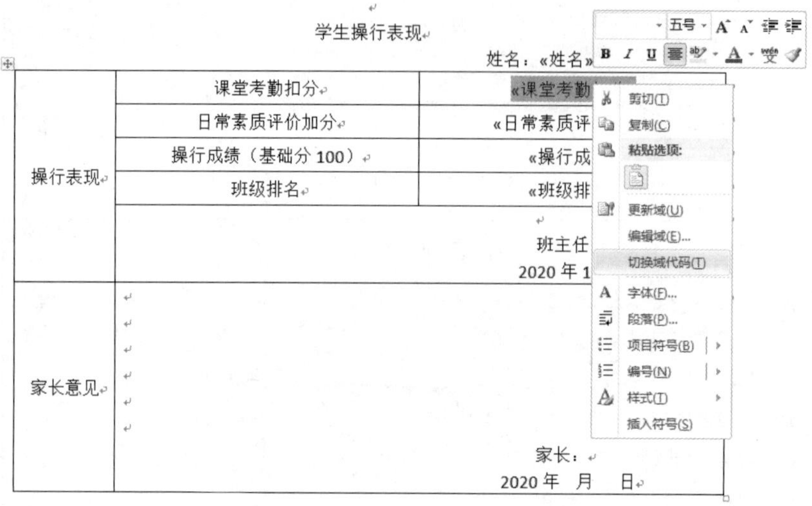

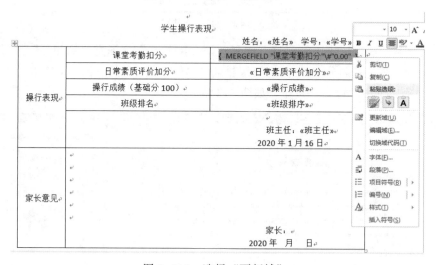

图 3-144　选择"编辑域"

图 3-145　选择"更新域"

⑦ 单击"下一步：预览信函"，如图 3-146 所示。

⑧ 单击"下一步：完成合并"，如图 3-147 所示。然后单击"编辑单个信函"按钮，弹出"合并到新文档"对话框，选择默认的"全部"选项后单击"确定"按钮，即可将所有学生的《告家长书》信息补充完整，并在一个新建的文档中显示，保存文档后，命名为"告家长书（完成版）.docx"。

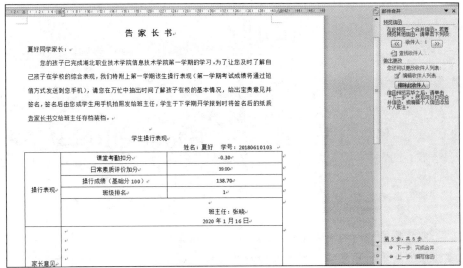

图 3-146   预览信函

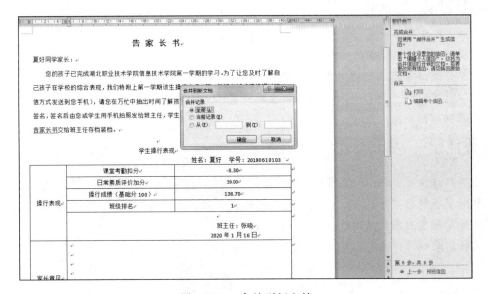

图 3-147   合并到新文档

单元 ④

Excel 2010 电子表格

Excel 是目前最流行的电子表格软件之一，具有强大的计算和分析能力，以及出色的图表功能，能够胜任从简单的家庭理财到复杂的财务分析、数学分析和科学计算等各种工作。

知识目标

- 了解 Excel 基本功能。
- 了解 Excel 单元格数据格式设置方法。
- 了解公式、常用函数的用法。
- 了解数据排序、自动筛选、高级筛选、分类汇总的用法。
- 了解制作图表的方法

能力目标

- 能够熟练设置 Excel 单元格格式。
- 熟练掌握数据排序、自动筛选、高级筛选、分类汇总的用法。
- 熟练掌握常用函数的用法。
- 掌握图表制作方法。

任务 1　工作表基本操作

任务描述

启动 Excel 2010，对工作表进行插入、复制、移动、删除、标签设置颜色等操作，为后面数据编辑做准备。效果如图 4-1 所示。

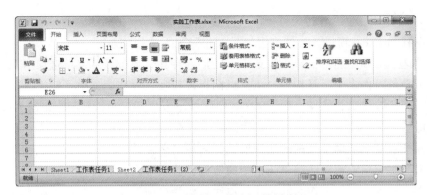

图 4-1　"实践工作表"效果图

相关知识

1．认识工作簿

Excel 2010 采用结构导向的用户界面，简单地说就是按照应用的特性来分配功能、命令等的排列，因此微软统计出使用者最常用的命令及功能，放在最"顺手"的地方。

Excel 电子表格是由工作簿、工作表和单元格三层结构组成，如图 4-2 所示。工作簿是磁盘文件，工作簿由工作表组成，工作表由单元格组成，单元格是数据的实际存储位置，对数据的访问是通过单元格的地址进行的。

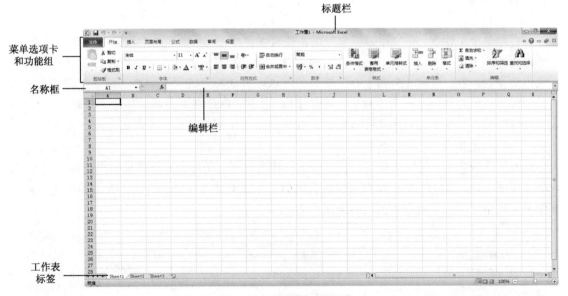

图 4-2　Excel 窗口的组成

工作簿是 Excel 用于组织数据、绘制表格的文件，Excel 2010 启动时显示一个空白的工作簿，默认文件名为 Book1，扩展名为.xlsx，每个工作簿默认包含 3 个工作表，最多可包含几千个工作表。

2．Excel 工作界面

（1）标题栏：显示工作簿文件的标题，新建一个工作簿时，标题为"工作簿 1-Microsoft

Excel"，如果是打开一个已有的文件，该文件的名字就会出现在标题栏上。按住鼠标左键拖动标题栏，可以移动 Excel 窗口，当然当窗口最大化时则无法拖动。

（2）菜单选项卡和功能组：菜单以选项卡的形式存在，单击任意菜单选项卡都会展示多个功能组，每个功能组由多个工具构成，工具以图标按钮形式存在，如果不知道其功能，可以将鼠标指针置于图标按钮上，稍等片刻，会在按钮图标下方出现提示，显示按钮的名称，使用时，单击按钮即可。

（3）名称框：显示活动单元格的地址或选择区域的名称。

（4）编辑栏：显示或编辑活动单元格中的数据、公式等内容。

（5）工作表标签：显示工作表的名称。白底显示为当前工作表，其他工作表为灰底显示。用鼠标单击工作表标签可以切换当前工作表。

3．认识工作表

新建的 Excel 空白工作簿默认有 3 张工作表，以 Sheet1、Sheet2、Sheet3 命名，可根据个人需求自行插入、删除、移动、复制或隐藏工作表，或利用重新命名工作表、设置工作表标签颜色的方式，区别各工作表内容的资料属性或重要级别等特性，方便在多张工作表中快速查找所需要的资料。

在管理工作表时，可在工作表标签上右击，弹出图 4-3 所示的快捷菜单，可以进行"插入"新工作表，"删除"当前工作表、"移动或复制"当前工作表、设置"工作表标签颜色"、"隐藏"当前工作表或"取消隐藏"工作表，以及"选定全部工作表"等操作。

（1）选择工作表

- 选择单个工作表：在工作表标签上单击即可选择工作表，选择的工作表标签用白底表示。
- 选择多个工作表：如选择 Sheet1、Sheet2、Sheet3 等多个连续的工作表，先单击 Sheet1 工作表标签，按住【Shift】键，单击 Sheet3 工作表标签即可。如要选择不连续的多个工作表，可先选中第一个工作表，按住【Ctrl】键，再分别单击选择其他工作表。
- 选择全部工作表：右击工作表标签，在快捷菜单中选择"选定全部工作表"即可。

（2）插入工作表

插入工作表之前，选定一个工作表，右击工作表标签，在弹出的快捷菜单中选择"插入"，在图 4-4 所示的"插入"对话框中可以在选定的工作表前插入一个空白工作表；如果选中多个工作表，使用"插入"命令将插入多个工作表。

图 4-3　工作表快捷菜单

图 4-4　工作表"插入"对话框

（3）删除工作表

先选定工作表，右击工作表标签，在快捷菜单中选择"删除"命令，会删除选中的工作表；如果选中多个工作表，使用"删除"命令将删除多个工作表。

（4）重命名工作表

双击工作表标签后，可以直接输入新的表名；也可以在工作表快捷菜单中选择"重命名"命令，表名反白显示，输入新表名，单击工作表中任意单元格或按【Enter】键即可。

（5）移动或复制工作表

有以下两种方法。

① 选定工作表标签，按住鼠标左键并拖动鼠标，指针左上方会出现一个黑色三角符号，拖动到指定位置松开鼠标左键，可将选定工作表移动到指定位置。如果在拖动鼠标的同时按住【Ctrl】键，则将工作表复制到指定位置。

② 选定要移动或复制的工作表，右击，在其快捷菜单中选择"移动或复制"，打开"移动或复制工作表"对话框，如图 4-5 所示，在"下列选定工作表之前"列表中选择目标位置，如果是复制操作，选定"建立副本"复选框，否则进行移动操作。

图 4-5 "移动或复制工作表"对话框

移动和复制操作既可以在同一工作簿中进行，也可以在不同工作簿中进行。如果目标位置不在当前工作簿中，需在"工作簿"下拉列表中指定移动或复制操作的目标工作簿。

任务实施

1. 启动 Excel 2010

常规启动：单击"开始"→"所有程序"→"Microsoft Office"→"Microsoft Excel 2010"即可启动。

快捷键启动：如果桌面上有 Excel 的快捷图标，双击图标即可进入 Excel 主界面。

新建工作簿启动：在桌面空白处右击，在弹出的快捷菜单中选择"新建"→"Microsoft Excel 工作表"，桌面上新建一个名为"新建 Microsoft Excel 工作表"的工作簿文件，双击图标即可进入 Excel 主界面。

2. 插入工作表

默认情况下工作簿中有名为 Sheet1、Sheet2、Sheet3 的工作表，在 Sheet2 工作表标签上右击，在弹出的快捷菜单中选择"插入"，弹出前图 4-4 所示"插入"对话框，选择"工作表"后，在 Sheet1 和 Sheet2 之间插入了 Sheet4 工作表。

3. 工作表重命名

在 Sheet4 工作表标签上双击，输入"工作表任务 1"，工作表名字被改变。也可以在 Sheet4 工作表标签上右击，在弹出的快捷菜单中选择"重命名"，然后输入工作表的新名。

4．更改工作表标签颜色

在 Sheet4 工作表标签上右击，在弹出的快捷菜单中选择"工作表标签颜色"，然后选择合适的颜色，当选中其他工作表时，Sheet4 标签的颜色才能展现出来。

5．删除工作表

在 Sheet3 工作表标签上右击，在弹出的快捷菜单中选择"删除"，将 Sheet3 工作表删除。

同步训练

建立一个新工作簿文件，采用工作表的插入、更名、复制、删除、设置标签颜色等功能，往工作簿内添加"班级学生信息表""宿舍分配表""第一学期课程表""班级干部表"等工作表。

任务 2　制作简单表格

任务描述

制作学生信息表，包含序号、姓名、性别、身高、生日等信息，最终效果如图 4-6 所示。

序号	姓名	性别	身高	生日
01	刘虎	男	1.78	2000/8/12
02	胡诗琴	女	1.6	2001/1/22
03	陈开明	男	1.68	2001/10/7
04	张彩容	女	1.63	2001/1/2
05	王洁	女	1.61	2001/10/30
06	安危	男	1.78	2001/10/7
07	袁佳阳	男	1.83	2001/3/12

图 4-6　学生信息表

相关知识

1．认识单元格

Excel 每个工作表最多可有 1 048 576 行（2^{20}，行号为 1~1 048 576）、16 384 列（2^{14}，列号为 A~XFD）。

（1）单元格的基本概念

① 单元格地址：工作表的行、列相交处为一个单元格，它是工作表的最基本的组成单位。单元格的地址（名称）用于唯一标识单元格，用列号和行号组成，如 A2 表示第 2 行第 1 列的单元格。

② 活动单元格：当前被选定的单元格，此时名称框中就是该单元格的地址，而输入的数据也都会被保存在该单元格中。

（2）单元格操作

① 选择单元格。将指针指向某一单元格，例如 A1，单击即可选择单元格 A1，可以看到公式栏的左边显示了当前活动单元格的地址，移动键盘上的上、下、左、右键也可选择单元格；用鼠标框选可以选中多个连续的单元格；按下【Ctrl】键的同时用鼠标点选或框选，可以选择多个不连续的单元格。

② 插入单元格。插入单元格之前先选中当前单元格，在"开始"选项卡中，单击"插入"，展开"插入"命令菜单，如图 4-7 所示，可以实现"插入单元格""插入工作表行""插入工作表列""插入工作表"等功能。选择"插入单元格"，弹出图 4-8 所示的"插入"对话框，按需求选择命令即可。

图 4-7　"插入"命令菜单　　　　　　　　图 4-8　"插入"对话框

③ 删除单元格。删除单元格前，先选中要删除的单元格，在"开始"选项卡中，单击"删除"，展开"删除"命令菜单，如图 4-9 所示，可以实现"删除单元格""删除工作表行""删除工作表列""删除工作表"等功能。选择"删除单元格"，弹出图 4-10 所示的"删除"对话框，按需求选择命令即可。

图 4-9　"删除"命令菜单　　　　　　　　图 4-10　"删除"对话框

④ 选择行和列。在工作表中单击某行的行号或某列的列号，则选中某行或列，选择后该行或列呈反白显示。选择连续的多行或多列配合【Shift】键使用，选择不连续的多行或多列配合【Ctrl】键使用。

⑤ 选择单元格区域。如果要选择连续区域，则先单击该区域的第一个单元格，按住鼠标左键，然后沿着对角线从第一个单元格拖动鼠标到对角线的最后一个单元格，放开鼠标左键即可；如果选择的区域不连续，则先选择第一个区域，按住【Ctrl】键，逐个单击，选择其他区域；单击工作表左上角的全选框，选择整个工作表。

2．单元格数据

（1）数据的类型

字符型数据：在单元格中默认为左对齐，一般不参与运算。

逻辑型数据：用来判断事物真与假的数据，在单元格中默认为居中对齐。例：true（真），false（假）。

数值型数据：在单元格中默认为右对齐，可以参与运算。

（2）数据的输入

在 Excel 工作表中，有下面几种方法向单元格输入数据：

方法一：单击要输入数据的单元格，然后直接输入数据。

方法二：双击单元格，单元格内出现插入光标。可以移动光标到适当位置后，再开始输入，这种方法通常用于对单元格内容进行修改。

方法三：单击单元格，然后单击编辑栏，可以在编辑栏中编辑或添加单元格中的内容。当用户向活动单元格中输入一个值或一个公式时，输入内容会出现在编辑栏里。即使输入的内容超出了单元格的宽度，单元格中所有的内容也会被显示出来。

（3）特殊数据的输入

① 编号代码的输入：如 001、身份证号码等。

方法一：在中文输入法状态（符号为英文状态）或者是英文输入法，首先输入单引号"'"，再输入数字代码。

方法二：选定单元格，右击，在快捷菜单中选择"设置单元格格式"，在弹出对话框的"数字"选项卡中，选择"文本"，再在单元格中输入数据即可。

② 分数的输入。

方法一：先输入整数部分，再输入空格和分数部分，比如输入"0　1/2"，在单元格显示"1/2"。

方法二：选定单元格，右击，在快捷菜单中选择"设置单元格格式"，在弹出对话框的"数字"选项卡中，选择"分数"，然后选择分数类型，再在单元格中输入数据即可。

③ 负数的输入。在单元格中输入减号加数字，比如输入"-5"，如果要设置负数的显示格式，选定单元格，右击，在快捷菜单中选择"设置单元格格式"，在弹出对话框的"数字"选项卡中，选择"数值"，设置负数格式（红色、数字加括号）。

④ 日期和时间的输入。在输入日期时，年月日之间要用"-"或"/"连接，例如 2019 年 11 月 8 日，需要输入"2019-11-8"或"2019/11/8"；在输入时间时，十二小时制输入"时间+空格+A"（表示上午），加"P"（表示下午或晚上），比如上午 8：30 需要输入"8：30　A"，二十四小时制直接输入时间即可。

（4）填充数据

① 连续单元格填充相同数据。

方法一：先在一个单元格中输入数据，用鼠标选中这个单元格，在单元格右下角有一个小凸起，我们称之为"句柄"，将鼠标指针移动到句柄上，指针会变成黑十字，这时按下鼠标左键，沿行或列的方向拖动鼠标到需要填充的范围，然后松开鼠标，所经过的单元格就填充了相同的数据。

方法二：先在一个单元格中输入数据，用鼠标沿行或列方向选中需要填充数据的范围，在"开始"选项卡中展开"填充"命令菜单，如图 4-11 所示，选择对应的填充方式，即可在对应范围填充相同数据。

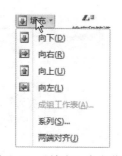

图 4-11　"填充"命令菜单

② 不连续单元格填充相同数据。先选中这些不连续的单元格，在输入完内容后按下【Ctrl+Enter】组合键，即可在选中的单元格填充相同的数据。

③ 填充序号。表格中有时需要输入如"001，002……"的编号，先在起始单元格输入"'"，单引号后跟着要输入的起始编号，例如"'001"，然后沿行或列的方向填充即可。

④ 填充自定义序列。有时需要在行或列的连续单元格中输入"星期一、星期二……"，可先在起始单元格输入"星期一"，然后选中句柄，沿行或列方向填充即可，之所以能够智能填充这些序列，是因为 Excel 已经定义好了一些常用的序列；也可以定义自己的序列，单击"文件"→"选项"，弹出图 4-12 所示人"Excel 选项"对话框。

图 4-12　"Excel 选项"对话框

选择"高级"选项，单击右侧的"编辑自定义列表"按钮，弹出图 4-13 所示的"自定义序列"对话框，添加好自定义序列。在单元格内输入自定义序列中的任意一个数据，即可用句柄在行或列的方向填充自定义列表序列了。

⑤ 填充等差、等比序列。有时表格中需要填入数学上的等比、等差序列，我们也可以利用自动填充的功能。先在起始单元格输入数值，沿行或列方向选取填充范围，选择图 4-11菜单中的"系列"命令，弹出图 4-14 所示"序列"对话框，设置好等差、等比序列和步长值，即可在目标单元格内完成填充。

图 4-13 "自定义序列"对话框   图 4-14 "序列"对话框

（5）修改数据

选择要修改数据的单元格，单击编辑栏中的数据，此时编辑栏中出现一个闪烁的光标。移动光标到要修改之处，输入数据即可。

（6）数据的复制和移动

复制或移动数据前，先选中需要复制或移动的数据区域，在"开始"选项卡的"剪贴板"功能组中，选择"复制"或"剪切"，该区域被"蚁行线"包围，选中目标单元格后粘贴即可。需要注意的是，粘贴时，可以选择"粘贴""粘贴数值""其他粘贴选项"等，如图 4-15 所示。

（7）数据的查找和替换

Excel 表格中数据较多，有时需要进行数据的查找或替换，在"开始"选项卡的"编辑"功能组中单击 🔍 查找 ▾，弹出图 4-16 所示"查找和选择"命令菜单，选择"查找"或"替换"，弹出图 4-17 和图 4-18 所示的"查找和替换"对话框，如果设置查找/替换的格式，可使查找/替换数据的范围更加精确。其操作方法与 Word 里的操作类似，这里不再赘述。

图 4-15 "粘贴"命令菜单   图 4-16 "查找和选择"下拉命令菜单

图 4-17　"查找和替换"—"查找"对话框

图 4-18　"查找和替换"　"替换"对话框

任务实施

① 启动 Excel 2010。

② 输入"序号"列标题以及数据。在单元格中输入"'01",将鼠标指针移到单元格右下角,选中句柄,按住鼠标左键不松开,往下填充,完成序号的输入。

③ 输入"姓名"列标题以及数据。

④ 输入"性别"列标题以及数据。按下【Ctrl】键,逐个单击选取性别需要填入"男"的单元格,然后松开【Ctrl】键,输入"男",然后按【Ctrl+Enter】组合键,即可在多个不连续的单元格内填入相同数据;用同样的方法填入性别为"女"的数据。

⑤ 输入"身高"列标题以及数据。

⑥ 输入"生日"列标题以及数据。

同步训练

建立一个新工作簿文件,制作"宿舍成员信息表",包含序号、姓名、生日、籍贯、电话、班级等信息;制作"产品规格及库存表",包含序号、名称、型号、数量、仓库等信息。

任务 3　表格美化

任务描述

院系学生会干部人员调整,需要制作学生会干部信息表,包含序号、姓名、性别、部门等信息,要求利用 Excel 工作表进行创建、编辑、格式设置等操作。首先要输入数据,然后对这些原始数据做基本的格式化处理，包括应用表格边框、设置标题文字、设置单元格底纹等。最终效果如图 4-19 所示。

序号	姓名	性别	部门	身份证号	生日	电话号码
01	刘虎	男	学习部	420900200××××1711	20000812	13197378032
02	胡诗琴	女	纪检部	420900200××××2622	20010122	15971999716
03	陈开明	男	劳动部	420900200××××4331	20010712	13545478487
04	张彩容	女	宿管部	420900200××××0224	20010102	13886164560
05	王洁	女	文艺部	420900200××××4546	20011030	15819967390
06	安危	男	宣传部	420900200××××0011	20011007	15926912903
07	袁佳阳	男	体育部	420900200××××0113	20010312	13886466716

图 4-19　学生会干部信息表

相关知识

1．字体格式

单元格中的文字，可以利用"开始"选项卡的"字体"功能组，对其字体、字型、字号、加粗、倾斜等格式进行设置，如图 4-20 所示；也可展开"字体"功能组，弹出图 4-21 所示的"设置单元格格式"对话框，在"字体"选项卡对其格式进行设置。这里的操作与前面学习过的Word 相似，不再赘述。

图 4-20　"字体"功能组命令

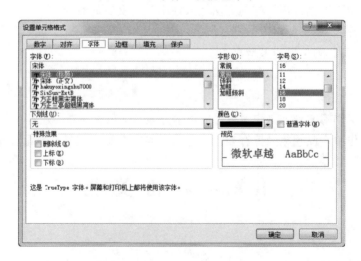

图 4-21　"设置单元格格式"对话框

2．数字格式

单元格中的数字，可以利用"开始"选项卡的"数字"功能组中的命令，如图 4-22 所示，设置数字小数点位数，以百分比格式显示等；也可单击"数字"功能组右下角的对话框启动器，弹出图 4-23 所示的"设置单元格格式"对话框，在"数字"选项卡中，可设置小数位数、货币格式、日期时间格式等，具体设置如图 4-24～图 4-27 所示。

图 4-22　"数字"功能组命令　　　　图 4-23　"设置单元格格式"对话框

图 4-24　"设置单元格格式"—"数值"对话框　　图 4-25　"设置单元格格式"—"货币"对话框

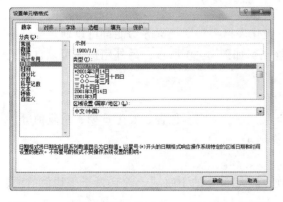
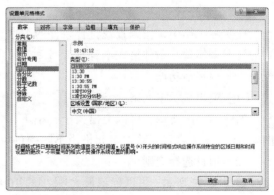

图 4-26　"设置单元格格式"—"日期"对话框　　图 4-27　"设置单元格格式"—"时间"对话框

3．单元格边框和底纹

默认情况下 Excel 各单元格是没有边框线的，窗口中看到的网格线，是为了方便我们区分各个单元格区域。为突出显示重点的内容，使工作表更加美观和容易阅读，可以给单元格添加边框与底纹。

设置单元格边框前，先选中需要设置的区域，在"开始"选项卡的"数字"功能组中，单击 下拉按钮，展开图 4-28 所示边框命令菜单，设置框线线型、粗细、颜色，上下框线等；也可以在图 4-29 所示的"设置单元格格式"对话框的"边框"选项卡中进行边框的设置。

图 4-28 "边框"命令菜单   图 4-29 "设置单元格格式"—"边框"对话框

4．条件格式

在实际工作中，快速查找符合条件的数据、美化表格、日期提醒等功能都可以通过条件格式的设置来实现。条件格式本身自带 5 种内置规则，如图 4-30 所示，另外用户还可以自定义规则，实现更多功能。

（1）突出显示单元格

如图 4-30 所示，可以突出大于、小于、介于、等于、文本包含、发生日期、重复值等。图 4-31 所示为将重复数据单元格用不同颜色填充展示。

（2）项目选择规则

如图 4-32 所示，可以标记最大/最小的 10 项、最大/最小的 10%项、高于/低于平均值的项、或其他规则，图 4-33 所示为低于平均值的示例。

图 4-30　"条件格式"命令

图 4-31　"突出显示单元格"效果

图 4-32　"项目选取规则"命令

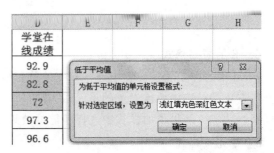

图 4-33　低于平均值的示例

（3）数据条

数据条规则可使数据图形化，如图 4-34 所示，数据最大值的数据条默认填满单元格。用数据条长度展现数值大小，也可以正负值区分颜色显示。可选择默认的颜色填充，也可以编辑格式规则，更改填充颜色、单元边框样式等。

（4）色阶

对所选区域三色显示，不同颜色分别表示最大值、中间值、最小值。图 4-35 所示为"色阶"命令及效果。

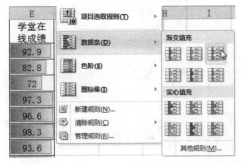

图 4-34　"数据条"命令及效果

图 4-35　"色阶"命令及效果

（5）图标集

根据规则设置显示不同图标，可以在编辑规则中使用样式、数值规则等，如图 4-36 所示。

图 4-36　"图标集"命令及效果

5．套用表格格式

Excel 中若需要快速设置出非常漂亮的单元格显示效果，可以套用 Excel 提供的表格格式，其操作方法是：选中所需设置的单元格，选择"开始"选项卡中"样式"功能组中的"套用表格样式"功能，从提供的样式中选择所需的效果，如图 4-37 所示。

6．单元格样式

Excel 的单元格也有内置的样式可以直接套用，选择"开始"选项卡"样式"功能组中的"单元格样式"功能，选择需要的效果，如图 4-38 所示。还可以套用 Excel 默认设置的一些单元格样式。

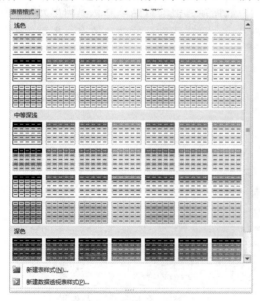

图 4-37　"套用表格样式"

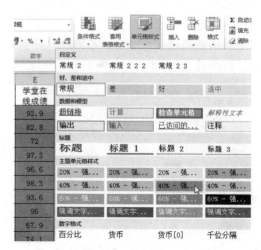

图 4-38　"单元格样式"效果

7．单元格大小

工作中经常需要调整单元格高宽，在"开始"选项卡"单元格"功能组中的"格式"功能，如图 4–39 所示。我们可以设置行高/列宽、自动调整行高/列宽、对单元格进行隐藏和取消隐藏等操作。

8．单元格内容的修改

修改单元格内容，先只需双击待修改的单元格，然后直接对其内容做相应修改，或在编辑栏处修改，按【Enter】键确认所作改动，如果按下【Esc】键则取消所作改动。

9．单元格内容的清除

输入数据时，不但输入了数据本身，还设置了数据的格式；用【Backspace】键删除单元格中的内容，或【Delete】键清除单元格内容时，内容是清除了，但单元格格式依然存在；单击"开始"选项卡下单击"编辑"功能组中的"清除"，展开"清除"命令菜单，如图 4–40 所示，可以根据需要选择清除的内容，选择"全部清除"会将单元格内容连同格式一并清理。

图 4–39　"格式"命令菜单　　　　　　　图 4–40　"清除"命令菜单

10．单元格内容的对齐

单元格中的文本数据默认左对齐，数值数据默认右对齐，如图 4–41 所示。用"开始"选项卡"对齐方式"功能组中的命令，如图 4–42 所示，可以设置单元格内容的对齐方式。

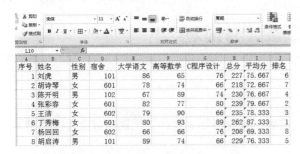

图 4–41　文本和数值默认对齐效果　　　　　图 4–42　对齐方式"功能组

如果单元格的内容比较多，而单元格宽度不够，可以用"自动换行"命令，让单元格内容显示在多行，如图 4-43 所示。

	学号	姓名	大学语文	高等数学	C语言程序设计
1	学号	姓名	大学语文	高等数学	C语言程序设计
2	1	刘虎	86	65	76
3	2	胡诗琴	78	74	66
4	3	陈开明	67	89	74

图 4-43 "自动换行"效果

任务实施

① 启动 Excel 2010。

② 输入"序号"列数据。在单元格中输入"'01"，将鼠标指针移到单元格右下角，选中句柄，按住鼠标左键不放，往下填充，完成序号的输入。

③ 输入"姓名"列标题以及数据。

④ 输入"性别"列标题以及数据。按下【Ctrl】键，逐个单击选取性别需要填入"男"的单元格，然后松开【Ctrl】键，输入"男"，然后按【Ctrl+Enter】组合键，即可在多个不连续的单元格内填入相同数据；用同样的方法填入性别为"女"的数据。

⑤ 输入"部门"列标题以及数据。

⑥ 输入"身份证号"列标题以及数据。身份证号码较长，如果直接输入数字串，Excel 默认将之当成数值，在显示时会采用科学计数法显示，可以在输入身份证号码之前，设置单元格格式为"文本"，或在输入的数字串前带一个"'"。

⑦ 输入"生日"列标题以及数据。

⑧ 输入"电话号码"列标题以及数据。

⑨ 设置标题行数据背景颜色。

⑩ 调整各行高以及列宽。

同步训练

建立一个新工作簿文件，制作"宿舍成员信息表"，包含序号、姓名、生日、籍贯、电话、班级等信息；制作"产品规格及库存表"，包含序号、名称、型号、数量、仓库等信息。然后对其进行美化。

任务 4　公式与函数

任务描述

一学期结束，需要制作一张班级学生成绩表，包含序号、姓名、性别、宿舍等，如图 4-44 所示。

序号	姓名	性别	宿舍	大学语文	高等数学	C程序设计	总分	平均分	排名
1	刘虎	男	101	86	65	76	227	75.67	12
2	胡诗琴	女	601	78	74	66	218	72.67	13
3	陈开明	男	102	67	89	74	230	76.67	10
4	张彩容	女	601	82	77	80	239	79.67	4
5	王洁	女	602	79	90	66	235	78.33	6
6	丁秀梅	女	601	80	93	89	262	87.33	1
7	杨回回	女	602	66	66	76	208	69.33	14
8	胡启涛	男	101	89	74	66	229	76.33	11
9	景浩	男	102	77	80	74	231	77.00	8
10	万一平	男	102	90	66	80	236	78.67	5
11	吴广	男	101	76	89	66	231	77.00	8
12	陈斌斌	男	101	66	77	89	232	77.33	7
13	孙玲	女	601	74	90	77	241	80.33	3
14	陈文君	女	602	71	66	66	203	67.67	15
15	陈露	女	602	82	89	74	245	81.67	2

图 4-44　班级学生成绩表

相关知识

1　Excel 公式中的运算符

Excel 公式中的运算符有算术运算符、关系运算符、文本运算符和单元格引用运算符。

如图 4-45 所示，在 F2 单元格输入 "=C2+D2+E2"，按【Enter】键后，F2 单元格中将显示公式计算的结果；"="的意思是将 C2、D2、E2 单元格的值进行求和，将求和结果赋值给 F2 单元格，最终结果如图 4-46 所示。

	A	B	C	D	E	F
1	学号	姓名	大学语文	高等数学	C语言程序设计	总分
2	1	刘虎	86	65	76	=C2+D2+E2
3	2	胡诗琴	78	74	66	
4	3	陈开明	67	89	74	

图 4-45　输入公式

	A	B	C	D	E	F
1	学号	姓名	大学语文	高等数学	C语言程序设计	总分
2	1	刘虎	86	65	76	227
3	2	胡诗琴	78	74	66	
4	3	陈开明	67	89	74	

图 4-46　输入计算结果

如果单元格中的公式需要更改，可先选中公式所在的单元格，然后在编辑栏中进行修改。另外，还可以对单元格中的公式进行复制、移动等操作。

（1）算数运算符

算术运算符可完成基本数学计算，包括"加"（+）、"减"（–）、"乘"（*）、"除"（/）、"幂"（^）、"负号"（–）、"百分号"（%）等，算术运算符对数值型数据进行计算并产生结果。

（2）关系运算符

关系运算符用来比较两个数值的大小并返回逻辑值 True（真）和 False（假），包括"等于"（=）、"大于"（>）、"小于"（<）、"大于等于"（>=）、"小于等于"（<=）、"不等于"（<>）。

（3）文本运算符

文本运算符 "&" 将多个文本连接成一个连续的字符串。

（4）单元格引用运算符

单元格引用运算符可以将单元格区域合并运算，包括冒号（：）、逗号（，）和空格。冒号（：）是区域运算符，可对两个引用之间的所有单元格进行引用。逗号（、）是联合运算符，可将多个引用合并为一个引用。空格是交叉运算符，可产生同时属于两个引用的单元格区域的引用。

2. Excel 函数

函数的内部已经定义好了计算公式，比如要求单元格 C2、D2、E2 中数值之和，可以输入函数 "=SUM(C2:E2)"，而不必输入公式 "=C2+D2+E2"。

Excel 提供了超过 400 个内置函数，包括财务函数、日期及时间函数、数学及三角函数、统计函数、文本函数、逻辑函数、信息函数、工程函数等。使用函数进行计算，在简化公式的同时提高了工作效率。

（1）函数的格式

函数的格式为：= 函数名(参数)。

函数名通常以大写字母出现，用以描述函数的功能；参数是数字、单元格引用、工作表名称或函数计算所需要的其他信息。

函数必须以 "=" 开头，参数用圆括号 "()" 括起来，参数多于一个时，要用 "，" 号分隔。参数可以是数值、有数值的单元格或单元区域，也可以是一个表达式。例如，"=SUM(A1:A10) "。

（2）插入函数

插入函数可按照下述方法逐步操作：

① 选定要输入函数的单元格。

② 在 "公式" 选项卡的 "函数库" 功能组里，单击 f_x 按钮，弹出图 4-47 所示 "插入函数" 对话框。

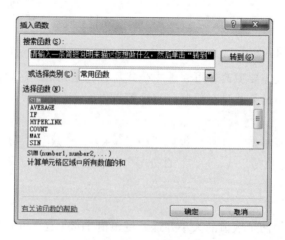

图 4-47 "插入函数" 对话框

③ 在 "或选择类别" 列表框中选择函数类型，在 "选择函数" 列表中选择所需使用的函数，弹出图 4-48 所示 "函数参数" 对话框。

图 4-48　"函数参数"对话框

④ 单击 Number1 后的 ，"函数参数"对话框变小，然后可在工作表中选择计算单元格或区域，再次单击 ，"函数参数"对话框又完全显示出来。

⑤ 单击"确定"按钮后插入函数成功，单元格中显示函数计算结果。

也可以先在单元格中输入"="，再在编辑栏中展开最近常用函数列表，选择所需函数，或者单击"其他函数"，弹出图 4-47 所示"插入函数"对话框。

插入函数方法汇总如图 4-49 所示。如果需要修改函数，可以在编辑栏中修改，也可双击单元格用类似修改公式的方法。

插入函数的方法	1	选中目标单元格→"开始"选项卡→"Σ 自动求和"→展开→"其他函数"→"插入函数"对话框
	2	选中目标单元格→输入"="→单击名称框右边三角展开→单击"其他函数"→"插入函数"对话框
	3	选中目标单元格→单击"编辑栏"中的"fx"图标→弹出"插入函数"对话框
	4	选中目标单元格→"公式"选项卡"fx插入函数"→单击, 弹出"插入函数"对话框
	5	选中目标单元格→"公式"选项卡"Σ 自动求和"下方的三角展开→"其他函数", 弹出"插入函数"对话框

图 4-49　插入函数的几种方法

（3）常用函数

① 自动求和：sum()函数，计算区域内数据的和。

先选中需要求和的单元格，在"开始"选项卡的"编辑"功能组里，或在"公式"选项卡的"函数库"功能组里，单击"Σ"，然后用鼠标框选求和区域，确定后可以快速求和。

如果要对一个单元格区域中各行/列数据分别求和，可先选定该数据区域及存放结果的单元格区域，然后使用"Σ"自动求和。

② 平均值：average()函数，计算区域内数据的平均值。

③ 最大值：max()函数，计算区域内数值型数据的最大值。

④ 最小值：min()函数，计算区域内数值型数据的最小值。

（4）公式、函数错误代码

如果公式使用错误，将返回表 4-1 所示的错误代码。

表 4-1　公式返回的错误值及其产生的原因

返回的错误值	产生的原因
#####!	公式计算的结果太长，单元格宽度不够。增加单元格的列宽可以解决

续表

返回的错误值	产生的原因
#div/0!	除数为零
#N/A	公式中无可用的数值或缺少函数参数
#NAME?	删除了公式中使用的名称，或使用了存在的名称，以及名称的拼写的错误
#NULL!	使用不正确的区域运算或不正确的单元格
#NUM!	在需要数字参数的函数中使用了不能接受的参数，或者公式计算结果的数字太大或太少，Excel 无法表示
#REF!	删除了由其他公式引用的单元格，或将移动单元格粘贴到其他公式引用的单元格中
#VALUE!	需要数字或逻辑值时输入了文本

（5）地址引用

使用公式时，可以引用本工作簿或其他工作簿文件中单元格区域的数据；公式的计算结果会随着被引用单元格数据的变化而变化。

① 相对引用。直接引用单元格区域名，Excel 记住使用公式的单元格和被引用单元格的相对位置，复制公式后，新的公式单元格和被引用的单元格之间仍保持这种相对位置关系。

② 绝对引用。行列号前都有"$"，被引用单元格的位置是绝对的，无论公式被复制到哪个单元格，公式所引用的单元格保持不变，引用的数据也不变。

③ 混合引用。行号前或列号前只有一个有"$"符号，公式被复制后，前面有"$"符号的采用绝对引用，前面不带"$"符号的采用相对引用。

④ 引用同一工作簿中其他工作表的单元格。引用同一个工和簿中其他工作表的单元格或区域时，需要在区域前加上"工作表名！"，比如引用 Sheet2 工作表的 C2:C9 区域，输入公式"=SUM(Sheet2!C3:C9)"。

⑤ 引用其他工作簿的单元格。也可以引用其他工作簿中单元格或区域，需要指明其他工作簿名路径和工作簿名。比如 "=[工作簿名.xlsx]Sheet1!$C$6"。

任务实施

① 编辑好表格原始数据。

② 用 sum() 函数自动求和计算总分。在 H2 单元格中输入"=sum(E2:G2)"，然后填充到总分列求和。

③ 用 average() 函数计算平均分。在 I2 单元格中输入"=average(E2:G2)"，然后填充到平均分列求平均值。

同步训练

制作"商品表"，包含商品 ID、商品名、商品进价、商品售价、商品销量、销售金额、利润总额等列，用 sum()、average()、max()，min() 等函数进行合理的计算统计。

任务 5　常 用 函 数

任务描述

学期末课程结业考试，分理论考核和上机考核，需要求出总分、平均分、排名、理论最高/低分、考试人数、及格人数、及格率、男生人数、男生总分、男生及格人数、及格男生总分、及格男生平均分等，最终效果如图 4-50 所示。

序号	姓名	性别	理论考核	上机考核	总分	平均分	排名
1	刘虎	男	50	98	148	74.00	5
2	胡诗琴	女	94	96	190	95.00	3
3	陈开明	男	100	100	200	100.00	1
4	张彩容	女	98	80	178	89.00	4
5	王洁	女	95	98	193	96.50	2
6	丁秀梅	女	80	55	135	67.50	6
7	杨回回	女		66	66	66.00	7
最高分			100	100			
最低分			50	55			
考试人数			6	7			
及格人数			5				
及格率			83.3%	85.7%			
男生人数		2					
男生总分			150	198			
男生及格人数			1	2			
及格男生总分			100	198			
及格男生平均分			100	99			

图 4-50　结业考试数据统计表

相关知识

Excel 常用函数

① 计数函数：count(统计区域)。

Count()函数用来统计数值型数据的个数，文本类型数据不进行计数。

② 条件计数函数：countif(统计区域,计数条件)。

Countif()函数用来统计满足条件数据的个数，比如 countif(区域,"男")用来统计区域内性别为"男"数据的个数；countif(区域,">=60")用来统计区域内大于等于 60 数据的个数。

③ 多条件计数函数：countifs(条件区域 1,条件 1,条件区域 2,条件 2, ...)。

Countifs()函数用来统计满足多个条件数据的个数，比如 countifs(性别区域,"男",成绩区域,">=60")用来统计及格男生的人数。

④ 求和函数：sum(求和区域)。

⑤ 条件求和：sumif(条件区域,条件,求和区域)。

Sumif()函数用来对满足条件的数据进行求和，比如 sumif(性别区域,"男","分数区域")用来统计男生的总分。

⑥ 多条件求和：sumifs(求和区域,条件区域 1,条件 1,条件区域 2,条件 2,...)。

Sumifs()函数用来对满足多个条件的数据进行求和，比如 sumifs(求和区域,性别区域,"男",

"分数区域",">=60")用来统计及格男生的总分。

⑦ 条件计数函数：count(统计区域,计数条件)。

Countif()函数用来统计满足条件数据的个数，比如 countif(区域,"男")用来统计区域内性别为"男"数据的个数；countif(区域,">=60")用来统计区域内大于等于 60 数据的个数。

⑧ 排名函数：rank(谁的排名,在什么区域内的排名,排名规则)。

Rank()函数用来统计某个数据在某区域中的排名，比如 rank(A 同学成绩,所有学生成绩区域,0)用来统计 A 同学的班级排名，这里成绩区域建议使用绝对地址引用，避免公式填充后出现错误数据；排序规则为升序用 1 表示、降序用 0 表示，降序时 0 可以省略。

⑨ 众数函数：mode(数据区域)。

Mode()函数用来统计某个数据区域中出现次数最多的数据，比如 mode(年龄区域)用来统计同龄人数最多的年龄。

⑩ if 函数：if(条件,"满足条件显示内容","不满足条件显示内容")。

If()函数用来进行条件判断，如图 4-51 所示，E2 单元格公式为 "=IF(D2>=60,"及格","不及格")"，填充到备注列，备注列单元格根据其左边单元格数值显示"及格"或"不及格"；如图 4-52 所示，F2 单元格公式为 "=IF(D2>=90,"优秀",IF(D2>=80,"良好",IF(D2>=70,"中等",IF(D2>60,"较差","不及格"))))"，这里用到了 if()函数的嵌套。

序号	姓名	性别	C语言	备注1	备注2
01	马敏	女	84	及格	良好
02	张文杰	男	91	及格	优秀
03	陈瑞云	女	72	及格	中等
04	宋盼	男	53	不及格	不及格
05	罗启航	男	65	及格	较差
06	何虎	男	52	不及格	不及格

图 4-51 if()函数用法

序号	姓名	性别	C语言	备注1	备注2
01	马敏	女	84	及格	良好
02	张文杰	男	91	及格	优秀
03	陈瑞云	女	72	及格	中等
04	宋盼	男	53	不及格	不及格
05	罗启航	男	65	及格	较差
06	何虎	男	52	不及格	不及格

图 4-52 if()函数的嵌套

任务实施

① 编辑好表格原始数据。

② 运用前面学习到的函数得到结果，各单元格中公式如图 4-53 所示。

	A	B	C	D	E	F	G	H
1	序号	姓名	性别	理论考核	上机考核	总分	平均分	排名
2	1	刘虎	男	50	98	=SUM(D2:E2)	=AVERAGE(D2:E2)	=RANK(G2,$G$2:$G$8,0)
3	2	胡诗琴	女	94	96	190	95.00	3
4	3	陈开明	男	100	100	200	100.00	1
5	4	张彩容	女	98	80	178	89.00	4
6	5	王洁	女	95	98	193	96.50	2
7	6	丁秀梅	女	80	55	135	67.50	5
8	7	杨回回	女		66	66	66.00	6
9		最高分		=MAX(D2:D8)	=MAX(E2:E8)			
10		最低分		=MIN(D2:D8)	=MIN(E2:E8)			
11		考试人数		=COUNT(D2:D8)	=COUNT(E2:E8)			
12		及格人数		=COUNTIF(D2:D8,">=60")	=COUNTIF(E2:E8,">=60")			
13		及格率		=D12/D11	=E12/E11			
14		男生人数	=COUNTIF(C2:C8,"男")					
15		男生总分		=SUMIF(C2:C8,"男",D2:D8)	=SUMIF(C2:C8,"男",E2:E8)			
16		男生及格人数		=COUNTIFS(C2:C8,"男",D2:D8,">=60")	=COUNTIFS(C2:C8,"男",E2:E8,">=60")			
17		及格男生总分		=SUMIFS(D2:D8,C2:C8,"男",D2:D8,">=60")	=SUMIFS(E2:E8,C2:C8,"男",E2:E8,">=60")			
18	及格男生平均分			=D17/D16	=E17/E16			

图 4-53　结业考试数据统计所使用的公式

同步训练

制作“商品销售表”，包含商品 ID、商品名、商品类型、商品进价、商品售价、商品销量、单件商品利润、单品销售总利润。

计算单品最高利润、单品最低利润、商品品种总数、销售价格大于某值商品总数、销售价格在某范围商品总数、某类商品销售总金额等。

任务 6　数 据 管 理

任务描述

学期末课程结业成绩表如图 4-54 所示，按照总分对成绩表进行排序，按照性别分别筛选男、女生成绩，筛选出总分在某个范围的所有男生成绩，按照性别汇总成绩表。

	A	B	C	D	E	F	G	H	I
1	序号	姓名	性别	C语言	网页设计	SQL基础	C#	总分	平均分
2	01	马敏	女	84	91	80	90	345	86.3
3	02	张文杰	男	91	87	89	90	357	89.1
4	03	陈瑞云	女	86	81	84	95	346	86.4
5	04	宋盼	男	84	88	84	83	339	84.8
6	05	罗启航	男	94	88	98	100	380	95.0
7	06	何虎	男	89	78	91	80	338	84.4

图 4-54　课程结业成绩表

相关知识

1. 数据保护

（1）保护工作簿

保护工作簿后，无法对工作表进行移动、添加、删除、隐藏、重命名等操作。如图 4-55 所示，在"审阅"选项卡的"更改"功能组里，选择"保护工作簿"命令，弹出图 4-56 所示的"保护结构和窗口"对话框，勾选"结构""窗口"复选框，设置密码即可保护工作簿。

（2）保护工作表

保护工作表后，工作表的内容不允许被更改。如图 4-55 所示，在"审阅"选项卡的"更改"功能组里，选择"保护工作表"命令，弹出图 4-57 所示的"保护工作表"对话框，勾选"保护工作表及锁定的单元格内容"复选框，设定好开放给用户的权限，输入"取消工作表保护时使用的密码"即可。

（3）隐藏行/列

先选定需要隐藏的行/列，右击，弹出图 4-58 所示的快捷菜单，选择"隐藏"命令，可将选中的行/列进行隐藏；显示隐藏行/列时，先将整个工作表全选，右击，在快捷菜单里选择"取消隐藏"命令就可以了。

图 4-55 "审阅"选项卡

图 4-56 "保护结构和窗口"对话框　　图 4-57 "保护工作表"对话框　　图 4-58 快捷菜单

2. 数据有效性

制作 Excel 表格过程中，有时候需要对输入的数据进行限定，比如性别列里只能输入"男"或"女"，成绩列只能输入 1～100 的数值，用数据有效性能大大提高填写数据的正确性。

如图 4-59 所示，在"数据"选项卡的"数据工具"功能组里，展开"数据有效性"，选择"数据有效性"，弹出图 4-60 所示的"数据有效性"对话框，可将单元格数值限定为整数类型、小数类型、自定义的序列、日期类型、时间类型，限定文本的长度等。

图 4-59　数据有效性　　　　　　　　　　　图 4-60　"数据有效性"对话框 1

先选中填写性别的区域，对其进行数据有效性设置，在图 4-61 所示的"数据有效性"对话框中，在"允许"下选择"序列"，在"来源"下输入"男,女"，然后性别区域单元格就会出现一个下拉按钮，通过下拉按钮只能选择"男"或"女"，避免录入错误的数据。在图 4-61 中"来源"下单击▦，可设置序列来源表格中的区域。如图 4-62 所示，可设置数据允许范围。

图 4-61　"数据有效性"对话框 2　　　　　　图 4-62　"数据有效性"对话框 3

3．排序

原始数据表格看起来显得杂乱无章，排序后会使数据看起来变得清晰。先选定表格数据区，在"数据"选项卡的"排序和筛选"功能组，如图 4-63 所示，选择"排序"命令，弹出"排序"对话框，如果选择排序数据区包含标题行，在图 4-64 中需要勾选"数据包含标题"，这样标题行就不会参与排序；如图 4-64 所示，指定排序主要关键字，选择排序规则后，即可将成绩表按总分从高到低排列，如果需要进行多关键字排序，可在图 4-64 中单击"添加条件"按钮，增加次要关键字进行排序。

数据表中一行是一条记录，如果排序前选中的不是整个数据区域，则会弹出图 4-65 所示的"排序提醒"对话框，一般情况下需要选择"扩展选定区域"进行排序；选择"以当前选定区域排序"后进行排序，容易造成部分列数据排序、部分列数据保持不变，从而造成数据错位。

图 4-63　"排序"命令

图 4-64　"排序"对话框

图 4-65　"排序提醒"对话框

4．筛选

可在表列上设置筛选条件，在众多繁杂的数据中挑选符合用户要求的数据进行展示。

（1）自动筛选

首先选择数据区域，或单击数据区域任意单元格，在"数据"选项卡的"排序和筛选"功能组，选择"筛选"命令，如图 4-66 所示，表格中列标题后面就多了一个下拉按钮，单击后如图 4-67 所示，可以按照需求筛选符合条件的数据。自动筛选一次只能在一个字段上设置条件，如果要在多个字段上设置条件，可以在不同的字段上重复上述操作。再次单击"筛选"命令取消筛选，显示原始数据表。

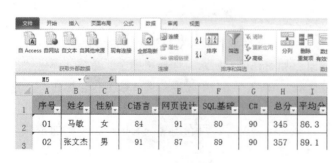

图 4-66　自动筛选

图 4-67　数字筛选规则

（2）高级筛选

高级筛选可先在多个字段上设置好筛选条件，然后进行一次筛选即可得到筛选结果。先设置好筛选条件，选中数据区域，在"数据"选项卡的"排序和筛选"功能组，选择"高级"命令，弹出图 4-68 所示"高级筛选"对话框，设置好列表区域和条件区域，即可得到筛选结果。图 4-68 所示为两门课程筛选条件在同一行，为与条件，即多个条件需同时满足；如果筛选条件放置在不同行，为或条件，即满足其中任意一个条件即可。

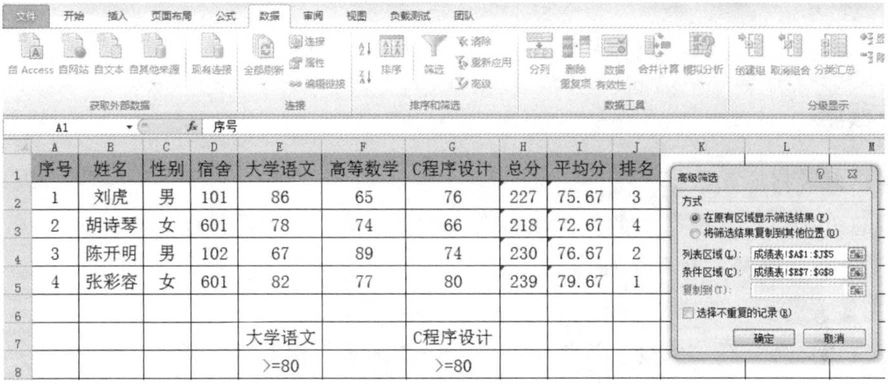

图 4-68　"高级筛选"对话框

5. 分类汇总

Excel 可对工作表中选定列进行分类汇总，并将分类汇总结果插入类别数据行的最上端或最下端。分类汇总并不局限于求和，也可以进行计数、求平均等其他运算。分类汇总是建立在排序的基础上，故分类汇总之前要对分类汇总字段进行排序。

先选择要进行分类汇总的单元格区域，在"数据"选项卡的"分级显示"功能组，选择"分类汇总"命令，弹出图 4-69 所示"分类汇总"对话框，设置"分类字段""汇总方式""选定汇总项"，得到汇总结果，如图 4-70 所示。

取消分类汇总的方法：在"数据"选项卡的"分级显示"功能组，选择"分类汇总"命令，在弹出的"分类汇总"对话框中选择"全部删除"即可。

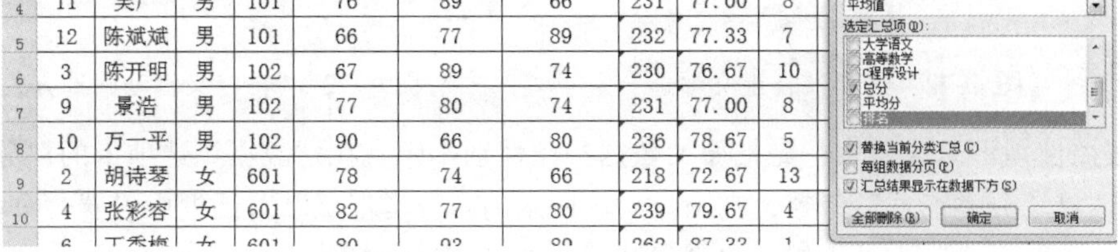

图 4-69　"分类汇总"对话框

	A	B	C	D	E	F	G	H	I	J
1	序号	姓名	性别	宿舍	大学语文	高等数学	C程序设计	总分	平均分	排名
6				101 平均值				230		
10				102 平均值				232		
15				601 平均值				240		
20				602 平均值				223		
21				总计平均值				231		

图 4-70　"分类汇总"效果图

任务实施

① 编辑好表格原始数据。

② 按总分排序：选中整个数据区域，在"数据"选项卡的"排序和筛选"功能组，选择"排序"命令，在图 4-64 所示的"排序"对话框中，"主要关键字"选择"总分"，"次序"为降序。

③ 按性别筛选：在"数据"选项卡的"排序和筛选"功能组，选择"筛选"命令，单击"性别"列后的下拉按钮，如图 4-71 所示，勾选"男"。

④ 筛选总分在某范围的所有男生：在"数据"选项卡的"排序和筛选"功能组，选择"筛选"命令，选择"总分"列后的下拉按钮，如图 4-72 所示，选择"自定义筛选"，弹出图 4-73 所示的"自定义自动筛选方式"对话框，设置"总分"大于或等于 350 与"总分"小于等于 400 的筛选条件，得到最终结果。

图 4-71　自动筛选选项

图 4-72　选择"自定义筛选"

图 4-73　"自定义自动筛选方式"对话框

⑤ 按照性别汇总成绩表：先把原始数据按照性别排序，在"数据"选项卡的"分级显示"功能组，选择"分类汇总"命令，在图 4-74 所示的"分类汇总"对话框中设置"分类字段"为性别，"汇总方式"为平均值，即可得到图 4-75 所示的结果。

图 4-74 "分类汇总"对话框

	A	B	C	D	E	F	G	H	I
1	序号	姓名	性别	C语言	网页设计	SQL基础	C#	总分	平均分
2	02	张文杰	男	91	87	89	90	357	89.1
3	04	宋盼	男	84	88	84	83	339	84.8
4	05	罗启航	男	94	88	98	100	380	95.0
5	06	何虎	男	89	78	91	80	338	84.4
6			男 平均值					353	
7	01	马敏	女	84	91	80	90	345	86.3
8	03	陈瑞云	女	86	81	84	95	346	86.4
9			女 平均值					345	
10			总计平均值					351	

图 4-75 分类汇总结果

同步训练

制作"商品销售表",包含商品 ID、商品名、商品类型、商品进价、商品售价、商品销量、单件商品利润、单品销售总利润。

将表格按照单品销售总利润排序,筛选某类型所有商品,筛选出指定的几种商品,按照商品类型分类汇总出各类商品总利润。

任务 7   制作图表和打印数据表

任务描述

一学期结束,各门课结业后得到一张总成绩表,成绩表看起来不够直观,如果配合图 4-76 和图 4-77 就直观得多,让人看到图表数据一目了然;然后将整个班级 50 人,十多门课的成绩用纸张打印出来。

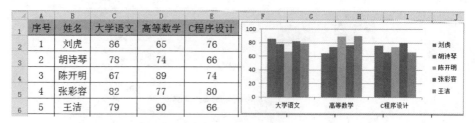

图 4-76　行系列图表

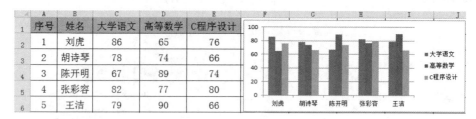

图 4-77　列系列图表

相关知识

1. 制作图表

在"插入"选项卡的"图表"功能组，展开"柱形图"选项，如图 4-78 所示，可选择需要的图样式，也可选择"所有图表类型"，弹出图 4-79 所示的"插入图表"对话框，选择合适的图表样式。

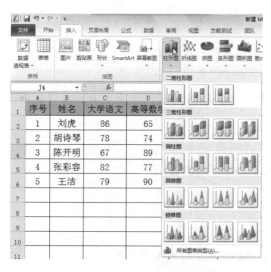

图 4-78　选择"所有图表类型"

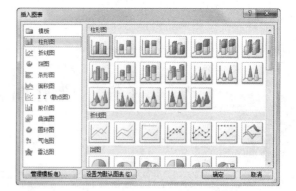

图 4-79　"插入图表"对话框

生成图表后，如图 4-80 所示，在"设计"选项卡的"数据"功能组，选择"切换行/列"命令，可以让图表系列产生在行或列，还可更改图表类型，以及更改图表样式等。

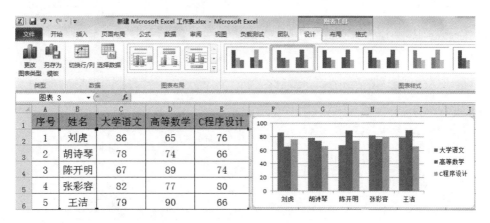

图 4-80　"设计"选项卡

选中图表后，如图 4-81 所示，在"布局"选项卡的"标签"功能组，可以设置图表标题、坐标轴标题、图例位置、数据标签等。

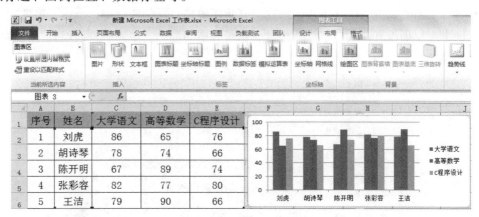

图 4-81　"布局"选项卡

2．打印数据表

（1）单元格格式

先在表格中选中需要调整格式的单元格或区域，在"开始"选项卡的"字体"功能组中，如图 4-82 所示，可以设置字体、字号、加粗、倾斜、下画线、框线等；在"对齐方式"功能组中，可以设置单元格内容的对齐方式；也可以在"设置单元格格式"对话框中进行设置，如图 4-83 所示。

图 4-82　"开始"选项卡

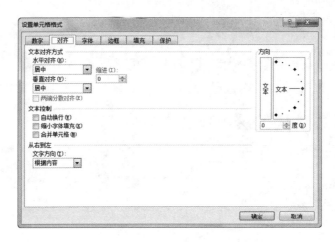

图 4-83 "设置单元格格式"对话框

（2）页面设置

表格打印之前先设置好纸张大小、方向、页边距等信息，如图 4-84 所示，可通过"页面布局"选项卡"页面设置"功能组进行设置，也可在图 4-85 所示的"页面设置"对话框中设置，方法与 Word 部分操作相同。

图 4-84 "页面设置"功能组

图 4-85 "页面设置"对话框

（3）设置打印区域

表格数据较多时，可以选择打印指定区域的数据，也可以打印整个表格的数据；如表格太大无法在一张纸上打印，就需设置顶端标题行和左端标题列，这样打印出来的每页纸都有对应的行列标题。

（4）打印预览

打印之前先打印预览，如果格式设置不符合要求，可重新设置好后再打印。

任务实施

① 编辑表格原始数据。

② 序号列：在 A2 单元格输入"'01"，选中句柄往下填充，填入顺序号。

③ 姓名列、成绩列：输入学生姓名以及成绩数据。

④ 制作图表：

在"插入"选项卡的"图表"功能组，展开"柱形图"选项，如图 4-78 所示，选择"所有图表类型"，在弹出的"插入图表"对话框中，选择"簇状柱形图"。

生成图表后，在"设计"选项卡的"数据"功能组，选择"切换行/列"，可以让图表系列产生在行或列，还可更改图表类型，以及更改图表样式等。

选中图表后，在"布局"选项卡的"标签"功能组中，可以设置图表标题、坐标轴标题、图例位置、数据标签等。

同步训练

建立整个班级的成绩表，包含姓名、性别、宿舍、总分、平均分、排名及各科目成绩等信息，整个表格按照总分名次降序排列；设置好表格各列数据格式，通过打印预览，可以在每张纸上找到每个数据属于哪行哪列；选择某宿舍的几位同学的某几门课用柱形图进行横向对比。

单元 ⑤
PowerPoint 2010 演示文稿

PowerPoint 2010 是 Microsoft 公司推出的 Office 2010 办公软件的组件之一，主要用于制作演示文稿，是做报告、演讲、授课等必不可少的组件。

知识目标

- 了解 PowerPoint 2010 的基本功能。
- 了解 PowerPoint 2010 创建、打开、关闭和保存。
- 了解 PowerPoint 2010 视图的使用、PowerPoint 2010 的基本操作。
- 了解编辑和格式化文本，使用幻灯片对象。
- 了解设计幻灯片外观的方法、动画效果与切换方式。
- 了解幻灯片的放映方式。

能力目标

- 熟练掌握 PowerPoint 2010 幻灯片的选择、复制、移动、删除。
- 熟练掌握插入表格、图表、剪贴画、图片、SmartArt 图形、音频文件、视频文件的方法。
- 熟练掌握幻灯片母版的使用、主题的使用，熟练掌握设置幻灯片的背景。
- 熟练掌握动画效果的设置、幻灯片的切换、交互动作及超链接的使用。
- 熟练掌握幻灯片的打印、打包与放映。

任务 1　产品介绍演示文稿的编制

任务描述

中农农业设备有限公司新推出两款新型的农用拖拉机，要求公司市场部对这两款新型拖拉机做一个简单的产品介绍幻灯片，要求从公司资料、公司简介、经营理念和产品介绍四个方面来介绍，如图 5-1 所示。

图 5-1　产品介绍 PPT 浏览图

相关知识

1. PowerPoint 2010 简介

PowerPoint 2010 工作界面如图 5-2 所示。

图 5-2　PowerPoint 2010 工作界面

标题栏：它位于 PowerPoint 2010 工作界面的最上方，显示当前文档名称，在标题栏的右侧还包括窗口"关闭"按钮、窗口"最小化"按钮和窗口"最大化"按钮。

功能区：它由选项卡、组和按钮组成，每个选项卡分为不同组，而组又是根据功能划分的。

大纲/幻灯片窗格：它包括"大纲"选项卡、"幻灯片"选项卡和"关闭"按钮，单击"大纲"选项卡，在其下方将以大纲形式列出当前演示文稿中各张幻灯片文本的内容，用户可以快速切换幻灯片并进行文本编辑。单击"幻灯片"选项卡，在其下方显示当前演示文稿中所有幻灯片的缩略图，用户可以快速切换准备查看的幻灯片，但无法编辑幻灯片的内容。

幻灯片窗格：该区是 PowerPoint 2010 的主要工作窗口，用户在此区域内对每一张幻灯片进行各种操作。

备注窗格：在备注窗格中，可以添加说明性的文字和图片，如果将演示文稿保存成 Web 页格式，那么在 Web 浏览器中浏览该演示文稿时，会显示备注，但不能够显示图片等对象。此时幻灯片标题变成了演示文稿中的目录，备注会显示在每张幻灯片的下面，可以充当演讲者的角色。

状态栏：它位于 PowerPoint 2010 工作界面的最下方，它包括幻灯片编号、主题名称、语言、视图切换按钮、幻灯片缩放级别和显示比例，单击"缩放级别"按钮，可以打开"显示比例"对话框。

视图切换按钮：它包括"普通视图"按钮、"幻灯片浏览"按钮、"阅读视图"按钮和"幻灯片放映"按钮，单击其中的按钮可以执行相应的操作。

2．创建演示文稿

（1）新建空白演示文稿

启动 PowerPoint 2010 后，系统会自动新建一个空白演示文稿。除此之外，用户还可通过命令或快捷菜单创建空白演示文稿，其操作方法分别如下。

① 通过快捷菜单创建：在桌面空白右击，在弹出的快捷菜单中选择"新建"→"Microsoft PowerPoint 演示文稿"命令，在桌面上将新建一个空白演示文稿，如图 5-3 所示。

② 通过命令创建：启动 PowerPoint 2010 后，选择"文件"→"新建"命令，在"可用的模板和主题"栏中单击"空白演示文稿"图标，再单击"创建"按钮，即可创建一个空白演示文稿，如图 5-4 所示。

图 5-3　快捷菜单创建空白演示文稿

图 5-4　命令创建空白演示文稿

（2）利用模板创建演示文稿

PowerPoint 2010 提供了大量的演示文稿模板，根据模板新建的演示文稿中包含演示文稿的内容，用户只需在模板的基础上进行修改即可制作出精美的幻灯片。根据模板创建演示文稿的操作步骤如下。

① 启动 PowerPoint 2010，选择"文件"→"新建"命令，在右侧"可用的模板和主题"栏中单击"样本模板"按钮，在打开的页面中选择所需的模板选项，单击"创建"按钮，如图 5-5 所示。

图 5-5　选择"样本模板"

② 对于联网用户也可以单击"Office.com 模板"内容区域的相应模板文件，在互联网上搜索丰富的模板文件，如图 5-6 所示。

图 5-6　选择"Office.com 模板"

（3）根据主题创建演示文稿

PowerPoint 2010 中内置了多种不同的主题风格，方便用户制作美观大方的演示文稿，如图 5-7 所示。

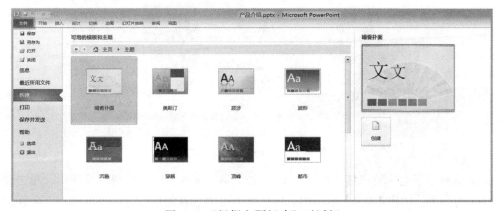

图 5-7　"根据主题新建"对话框

3．处理幻灯片

（1）选择幻灯片

在对幻灯片进行操作之前，首先要掌握选择幻灯片的方法。根据实际情况不同，选择幻灯片的方法也有所区别，主要有以下几种。

① 选择单张幻灯片。在"幻灯片/大纲"窗格或幻灯片浏览视图中，单击幻灯片缩略图，可选择单张幻灯片，如图 5-8 所示。

图 5-8　选择单张幻灯片

② 选择多张连续的幻灯片。在"幻灯片/大纲"窗格或幻灯片浏览视图中，单击要连续选择的第 1 张幻灯片，按住【Shift】键不放，再单击需选择的最后一张幻灯片，释放【Shift】键后，两张幻灯片之间的所有幻灯片均被选择，如图 5-9 所示。

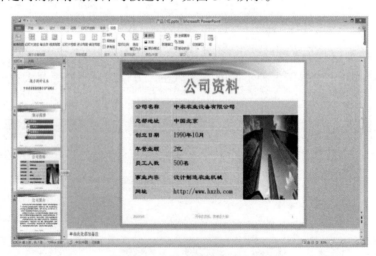

图 5-9　选择多张连续幻灯片

③ 选择多张不连续的幻灯片。在"幻灯片/大纲"窗格或幻灯片浏览视图中，单击要选择的第 1 张幻灯片，按住【Ctrl】键不放，再依次单击需选择的幻灯片，可选择多张不连续的幻灯片，如图 5-10 所示。

图 5-10　选择多张不连续的幻灯片

④ 选择全部幻灯片。在"幻灯片/大纲"窗格或幻灯片浏览视图中，按【Ctrl+A】组合键，可选择当前演示文稿中所有的幻灯片，如图 5-11 所示。

图 5-11　选择全部幻灯片

（2）插入幻灯片

演示文稿是由多张幻灯片组成的，用户可以根据需要在演示文稿的任意位置新建幻灯片。常用的新建幻灯片的方法主要有如下两种。

① 通过快捷菜单新建幻灯片。启动 PowerPoint 2010，在新建的空白演示文稿的"幻灯片"窗格空白处右击，在弹出的快捷菜单中选择"新建幻灯片"命令，如图 5-12 所示。

② 通过选择版式新建幻灯片。版式用于定义幻灯片中内容的显示位置，用户可根据需要向里面放置文本、图片以及表格等内容。通过选择版式新建幻灯片的方法是：启动 PowerPoint 2010，选择"开始"功能区的"新建幻灯片"命令，单击"新建幻灯片"下拉按钮，在弹出的下拉列表中选择新建幻灯片的版式，如图 5-13 所示，新建一张带有版式的幻灯片。

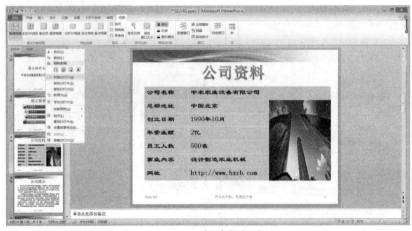

图 5-12　新建幻灯片

图 5-13　新建一张带有版式的幻灯片

（3）幻灯片的移动和复制

制作的演示文稿可根据需要对各幻灯片的顺序进行调整。在制作演示文稿的过程中，若制作的幻灯片与某张幻灯片非常相似，可复制该幻灯片后再对其进行编辑，这样既能节省时间又能提高工作效率。下面就对移动和复制幻灯片的方法进行介绍。

① 通过鼠标拖动移动和复制幻灯片。在"幻灯片/大纲"窗格中，选择需移动的幻灯片，按住鼠标左键不放拖动到目标位置后释放鼠标完成移动操作。选择幻灯片后，按住【Ctrl】键的同时拖动到目标位置可实现幻灯片的复制。

② 通过菜单命令移动和复制幻灯片。在"幻灯片/大纲"窗格中，选择需移动或复制的幻灯片，在其上右击，在弹出的快捷菜单中选择"剪切"或"复制"命令，然后将鼠标指针定位到目标位置，右击，在弹出的快捷菜单中选择"粘贴"命令，完成移动或复制幻灯片。

（4）幻灯片的删除

在"幻灯片/大纲"窗格和幻灯片浏览视图中可对演示文稿中多余的幻灯片进行删除。其方法是：选择需删除的幻灯片后，按【Delete】键，或右击，在弹出的快捷菜单中选择"删除幻灯片"命令。

4．使用幻灯片对象

（1）插入艺术字

艺术字同剪贴画一样，属于嵌入式的应用程序。艺术字也就是以用户输入的普通文字为基础，通过一系列的加工，使输出的文字具有阴影、形状、彩色等艺术效果。在 PowerPoint 2010 中，也可以插入艺术字，以增加演示文稿的艺术感。

在幻灯片中插入艺术字的具体步骤如下。

① 选定要插入艺术字的幻灯片。

② 选择"插入"选项卡下的"文本"组中的 按钮，弹出图 5-14 所示的对话框。

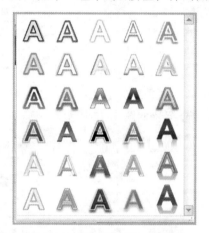

图 5-14　"艺术字形"对话框

③ 将鼠标指针移动到艺术字形上，单击选择艺术字样式。

④ 幻灯片中将出现"请在此放置您的文字"占位符，直接输入文字即可。

⑤ 可通过"绘图工具"的"格式"选项卡完成艺术字的各项设置，有关设置艺术字格式的详细操作步骤请参阅 Word 的艺术字格式部分。

（2）插入 SmartArt 图形

在幻灯片中插入 SmartArt 图形，能使幻灯片内容更直观、更有层次性。SmartArt 图形包括图形列表、流程图、循环图、层次结构图、关系图、矩阵图形和棱锥图，下面介绍在 PowerPoint 2010 中插入 SmartArt 图形的具体操作步骤。

① 选择要插入 SmartArt 图形的幻灯片，在"插入"功能区中的"插图"功能组中找到 SmartArt 按钮，如图 5-15 所示。

图 5-15　插入 SmartArt 图形

② 单击该按钮，弹出"选择 SmartArt 图形"对话框，如图 5-16 所示。

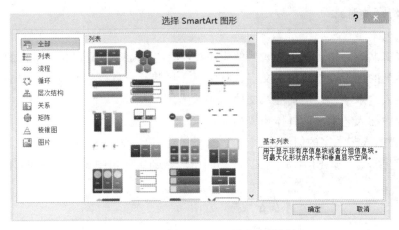

图 5-16 "选择 SmartArt 图形"对话框

③ 在"全部"图形类型中的"列表"区域选择插入的图形,选中 SmartArt 图形后,在窗口的右边将显示所选图形的具体介绍,如图 5-17 所示。

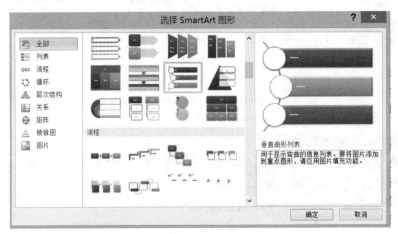

图 5-17 选中某一个 SmartArt 图形

(3)插入图片和剪贴画

在幻灯片中插入图片,其具体步骤如下。

① 在打开的演示文稿中,切换到"插入"功能区,在"图像"功能组中有"图片"按钮,可以插入来自文件的图片,如图 5-18 所示。

图 5-18 插入图片

② 也可以单击幻灯片版式内容区域的"图片"按钮,插入来自文件的图片,如图 5-19 所示。

单击"图像"功能组中的"剪贴画"命令，PowerPoint 2010会自动打开"任务窗格"，如果是首次使用PowerPoint 2010的剪贴画功能，勾选"包括Office.com内容"复选框，单击任务窗格中的"搜索"按钮，PowerPoint 2010会自动添加可用图像文件到剪辑管理器中供用户选择，单击相应的缩略图就可以插入剪贴画。

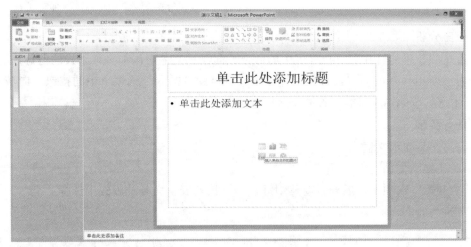

图5-19　插入来自文件的图片

（4）插入表格

表格是一种应用十分广泛的工具，在PowerPoint 2010中内置了插入表格的功能，用户可以根据需要插入表格，插入表格的方法与Word中插入表格的方法基本相同。

在幻灯片中插入表格的具体操作步骤如下。

① 选择要添加表格的幻灯片，单击"插入"选项卡下的"表格"功能组中的"表格"按钮，或是单击幻灯片中占位符内的按钮，在弹出的下拉列表中选择"插入表格"命令，如图5-20所示。

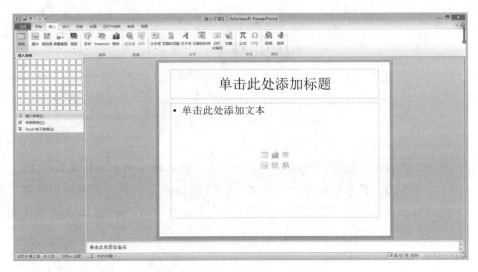

图5-20　"插入表格"下拉列表

② 在弹出的"插入表格"对话框中，设置表格的行数和列数，如图 5-21 所示，然后单击"确定"按钮，即在幻灯片中出现一个表格，同时显示"表格工具"选项卡。

任务实施

图 5-21　"插入表格"对话框

1.任务分析

① 通过"新建幻灯片"下拉列表中的命令，向演示文稿中添加多种版式的幻灯片。

② 通过使用含有内容占位符的幻灯片，或者借助"插入"选项卡中的按钮，向演示文稿中插入艺术字、SmartArt 图形、表格和图片。

2.任务实现

1）编制产品演示文稿

（1）新建演示文稿

打开"开始"选项卡，展开"新建幻灯片"下拉列表，在各种版式中选择"空白"版式，如图 5-22 所示。

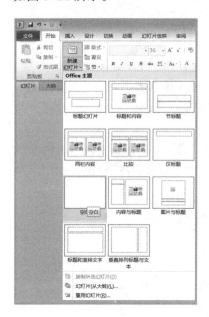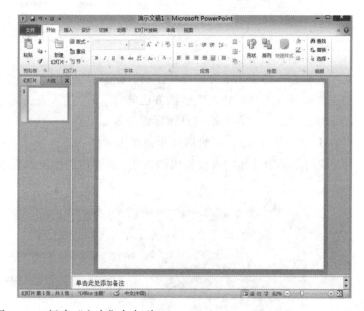

图 5-22　新建"空白"幻灯片

（2）制作幻灯片首页

打开"插入"选项卡，展开"艺术字"下拉列表，在各种不同类型艺术字中选择"填充-红色，强调文字颜色 2，暖色粗糙棱台"样式，如图 5-23 所示，输入艺术字主标题"携手耕种未来"。同理插入副标题"中农农业装备有限公司产品展示"，完成幻灯片首页的制作，如图 5-24 所示。

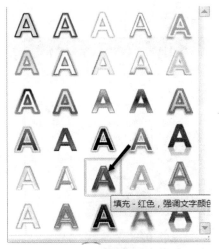

图 5-23　艺术字的样式

图 5-24　幻灯片首页

（3）制作展示提纲幻灯片

① 按图 5-22 所示插入"空白"幻灯片，再按图 5-23 所示插入艺术字"展示提要"作为标题。然后打开"插入"选项卡，单击"SmartArt"，在弹出的对话框中选择图 5-25 所示的图形。

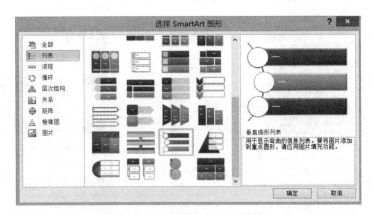

图 5-25　插入 SmartArt 图形

② 在 SmartArt 图形的左边"在此处键入文字"分别输入图 5-26 所示文字。

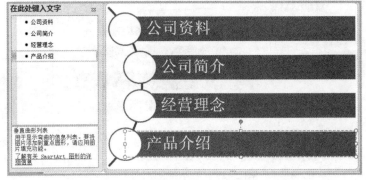

图 5-26　输入 SmartArt 图形中的文字

③ 按图 5-27 所示操作改变 SmartArt 图形的形状和颜色。

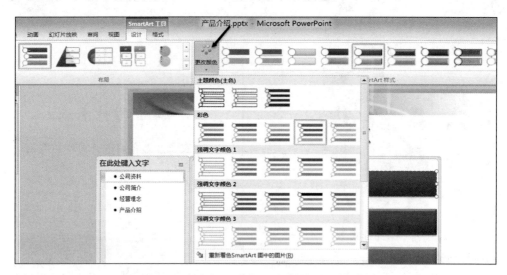

图 5-27　改变 SmartArt 图形的形状和颜色

④ 按图 5-28 所示双击 SmartArt 图形中的空白圆形，填充圆形中的图片，完成展示提纲幻灯片，最终得到图 5-29 所示的展示提纲幻灯片。

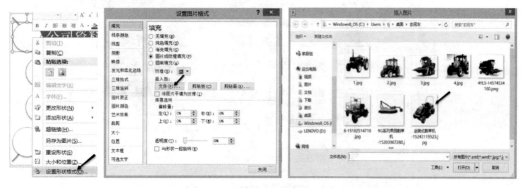

图 5-28　填充图形中的图片

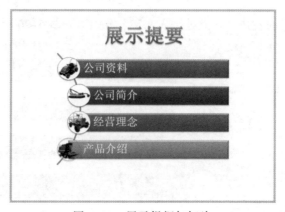

图 5-29　展示提纲幻灯片

（4）制作公司资料幻灯片

① 如图 5-22 所示，打开"开始"选项卡，展开"新建幻灯片"下拉列表，在各种版式中选择"标题和内容"版式，单击内容区表格图表，插入一个 7 行 3 列的表格，如图 5-30 所示。

公司资料

公司名称	中农农业设备有限公司
总部地址	中国北京
创立日期	1990年10月
年营业额	2亿
员工人数	500名
事业内容	设计制造农业机械
网址	http://www.hxzb.com

图 5-30　未修饰的表格

② 选中表格，选择"表格工具"下"设计"选项卡下的"底纹"，如图 5-31 所示，展开下拉列表，在标准色中选择浅绿色，改变表格的背景颜色，如图 5-32 所示。

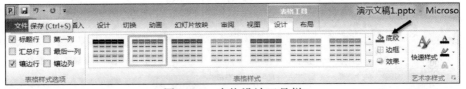

图 5-31　表格设计工具栏

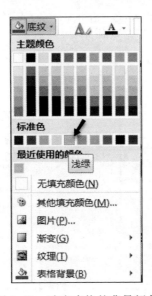

图 5-32　改变表格的背景颜色

③ 在"开始"选项卡下的"字体"功能组中更改表格中文字的字体和字号，如图 5-33 所示。

图 5-33　改变表格中的字体、字号

④ 在"表格工具"下的"布局"选项卡下的"对齐方式"功能组中更改文字的对齐方式，如图 5-34 所示。

图 5-34　改变表格中文字的对齐方式

⑤ 选中表格中第一行的第 2、3 个单元格，和第 3 列的第 2～7 个单元格，在"表格工具"下的"布局"选项卡下，单击"合并单元格"如图 5-35 所示，可以修改表格的排版，如图 5-36 所示，然后按图 5-28 所示的方法，在右下角的矩形中填充图片，如图 5-37 所示，最终制作完成公司资料幻灯片。

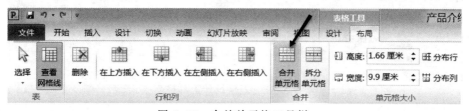

图 5-35　合并单元格工具栏

图 5-36　改变背景后的表格

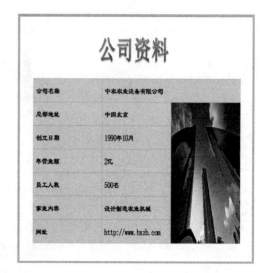

图 5-37　公司资料幻灯片

（5）制作公司简介和经营理念幻灯片

① 如图 5-22 所示新建一个“标题和内容”的幻灯片，按图 5-23 所示插入艺术字“经营理念”作为标题，然后直接在内容区域输入文字，选中全部文字，单击“开始”选项卡下“段落”功能组中的对话框启动器按钮，如图 5-38 所示。

演示文稿1.pptx - Microsoft PowerPoint
绘图工具
文件
开始
插入
设计
切换
动画
幻灯片放映
审阅
视图
格式
剪切
复制
格式刷
粘贴
版式
重设
节
新建幻灯片
宋体 (正文)
20
文字方向
对齐文本
转换为 SmartArt
排列
快速样式
形状填充
形状轮廓
形状效果
剪贴板
幻灯片
字体
段落
绘图

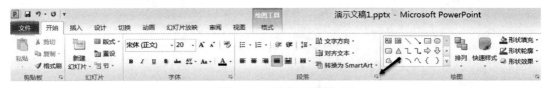

图 5-38　段落工具栏

② 在打开的“段落”对话框中，更改对齐方式为两端对齐，首行缩进 1.27 厘米，行距为固定值 40 磅，如图 5-39 所示，就可以将文字内容排版好了。

段落
缩进和间距(I)
中文版式(H)
常规
对齐方式(G)：两端对齐
缩进
文本之前(R)：0 厘米
特殊格式(S)：首行缩进
度量值(Y)：1.27 厘米
间距
段前(B)：0 磅
段后(E)：0 磅
行距(N)：固定值
设置值(A)：40 磅
制表位(T)...
确定
取消

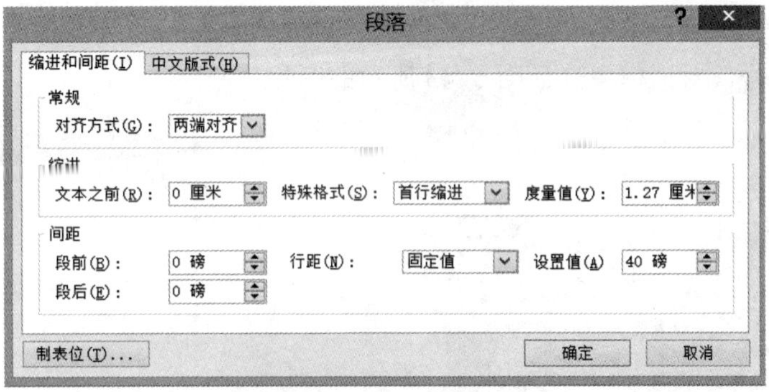

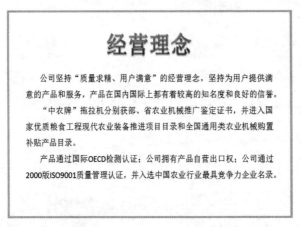

图 5-39　段落对话框

③ 编辑好的公司简介幻灯片如图 5-40 所示，同理可以制作公司简介幻灯片。

经营理念
公司坚持“质量求精、用户满意”的经营理念，坚持为用户提供满意的产品和服务，产品在国内国际上都有着较高的知名度和良好的信誉。
“中农牌”拖拉机分别获部、省农业机械推广鉴定证书，并进入国家优质粮食工程现代农业装备推进项目目录和全国通用类农业机械购置补贴产品目录。
产品通过国际OECD检测认证；公司拥有产品自营出口权；公司通过2000版ISO9001质量管理认证，并入选中国农业行业最具竞争力企业名录。

图 5-40　经营理念幻灯片

2）制作产品介绍幻灯片

① 新建一个“两栏内容”的幻灯片，如图 5-14 所示插入艺术字作为标题，在左边内容区输入文字，如图 5-41 所示。

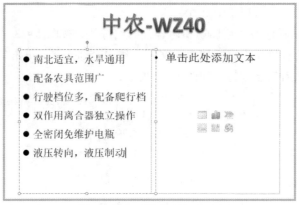

图 5-41 两栏内容幻灯片

② 修改左边文本区域的项目符号，选中所有文本，单击"开始"选项卡下"段落"功能组的项目符号，打开"项目符号和编号"对话框，如图 5-42 所示，单击"图片"按钮，在打开的"图片项目符号"对话框中选择图 5-43 所示的图片。

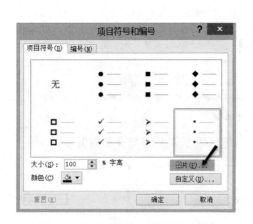

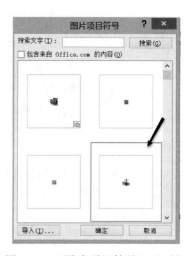

图 5-42 "项目符号和编号"对话框 　　　　　图 5-43 "图片项目符号"对话框

③ 右边内容区插入新款拖拉机图片，如图 5-44 和图 5-45 所示，完成产品介绍幻灯片制作。

图 5-44 产品介绍幻灯片 1 　　　　　图 5-45 产品介绍幻灯片 2

同步训练

设计制作一个计算机的产品介绍幻灯片，要求不少于 5 张幻灯片，使用插入表格、图片等技巧。

任务 2　产品介绍演示文稿的动感设计

任务描述

对中农农业设备有限公司新型农用拖拉机的产品介绍演示文稿添加动感设计。

相关知识

1．设置动画效果

为了使幻灯片更加丰富多彩、更具吸引力，可为幻灯片、文本、标题、图片、图表等对象添加动画效果，使其在演示文稿中以动态形式出现在屏幕中。这种效果通过"动画"选项卡进行设置，如图 5-46 所示。

图 5-46　"动画"选项卡

- "预览"功能组：可预览幻灯片播放时的动画效果。
- "动画"功能组：为幻灯片添加动画效果。
- "高级动画"功能组：可自定义、复制动画效果，使其更生动。
- "计时"功能组：可对动画进行排序和计时操作。

（1）插入动画效果

设置自定义动画效果的具体步骤如下。

① 选择要添加自定义动画的幻灯片。

② 选择"动画"选项卡。

③ 选定幻灯片中的某个对象，单击"动画"选项卡下"动画"功能组中的下拉按钮，打开动画效果列表，如图 5-47 所示，如在进入效果列表中没有满意的效果，可单击"更多进入效果"，打开"更改进入效果"对话框，选择一种适合的动画效果，如图 5-48 所示。

④ 添加完动画效果后还可以对动画效果进行修改，单击图 5-49 所示的"动画窗格"命令，屏幕右侧出现动画窗格，单击动画效果右侧下拉按钮，在打开的列表中选择并进行动画效果的各项设置。

（2）添加动作路径

在 PowerPoint 2010 中，用户可以根据需要添加动作路径，具体操作步骤如下。

① 选择要添加动作路径的对象。

② 单击"动画"选项卡下"动画"功能组中的"其他"按钮，在弹出的下拉列表中选择"其他作路径"命令，弹出"更改动作路径"对话框如图 5-50 所示。

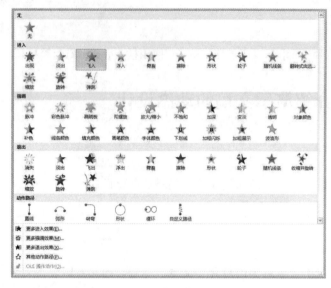

图 5-47　动画效果列表

图 5-48　"更改进入效果"对话框

图 5-50　"更改动作路径"对话框

图 5-49　选择"动画窗格"命令

③ 选择完成后，单击"确定"按钮，即可发现在添加动作路径后，会出现动作路径的控制点。在"动画窗格"列表中有若干个对象时，可以使用"重新排序"上下按钮来调整动画效果的顺序。在"动画窗格"列表框中选择某个对象，单击右侧的下拉按钮，可以通过菜单中的选项对效果进一步进行设置，例如选择"效果选项"命令，根据需要再设置效果。

（3）为同一个对象添加多个动画

在 PowerPoint 2010 中，用户可以对同一个对象添加多个动画，具体操作步骤如下。

① 选择需要添加多个动画效果的对象，单击"动画"选项卡下"高级动画"功能组中的"添加动画"按钮，在弹出的下拉列表中选择一种动画效果。

② 执行该命令后，可为选中的对象添加多个动画。

③ 当需要查看为图形设置的动画方案时，可以在"高级动画"组中单击"动画窗格"按钮，在弹出的动画窗格中说明了该动画的信息，用户还可以在"动画窗格"中单击"播放"按钮，可观看设置的动画效果。

2．使用幻灯片切换

幻灯片的切换方式是指演示文稿在播放过程中幻灯片进入和离开屏幕时产生的视觉效果，PowerPoint 2010 提供了许多特殊的放映效果。在演示文稿制作过程中，可以为某一张幻灯片设计切换效果，也可以为一组幻灯片设计相同的切换效果。

设置幻灯片切换效果的具体操作步骤如下。

① 选择要添加切换效果的幻灯片。

② 在"切换"选项卡下的"切换到此幻灯片"功能组中，选择适合的切换方式，如图 5-51 所示。

图 5-51　"切换到此幻灯片"功能组

③ 在"切换"选项卡下"计时"功能组中，可以根据需要进行切换效果设置，如图 5-52 所示。

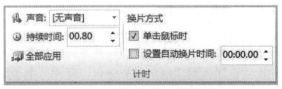

图 5-52　"计时"功能组

3．使用动作按钮与超链接

1）使用动作按钮

用户也可以在幻灯片中添加动作按钮，以便在放映时，单击该按钮链接到一张幻灯片上或者运行某个程序。创建动作按钮的操作步骤如下。

① 选择要插入动作按钮的幻灯片。

② 单击"插入"选项卡下"插图"功能组中的"形状"按钮，打开"形状"下拉列表，找到需要的动作按钮，如图 5-53 所示。

③ 选择需要的按钮，然后将鼠标指针移到幻灯片空白位置，单击，即可插入一个默认大小的按钮，同时显示"动作设置"对话框，如图 5-54 所示。

④ 每一个按钮都有一个默认的动作设置，当然用户也可以更改默认动作。

在此对话框中，有两个选项卡：

- "单击鼠标"选项卡：用于设置单击动作交互的超链接功能。
  - "超链接到"：选择跳转的目的地。
  - "运行程序"：可以创建和计算机中其他程序相连的链接。
  - "播放声音"：可实现单击某个对象时发出某种声音。

● "鼠标移过"选项卡：用于提示、播放声音或影片。

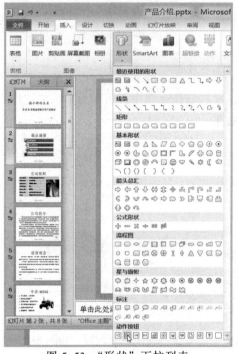

图 5-53　"形状"下拉列表

图 5-54　"动作设置"对话框

2）使用超链接

在 PowerPoint 2010 中，超链接可以是从一张幻灯片到同一个演示文稿中另一张幻灯片的链接，也可以是从一张幻灯片到不同演示文稿中的另一张幻灯片、电子邮件地址、网页或文件的链接。超链接本身可能是文本或对象（如图片、图形、形状或艺术字）。

（1）插入超链接

插入超链接的操作步骤如下。

① 选定要设置超链接的对象。

② 单击"插入"选项卡下"链接"功能组中的"超链接"按钮，弹出图 5-55 所示的对话框。

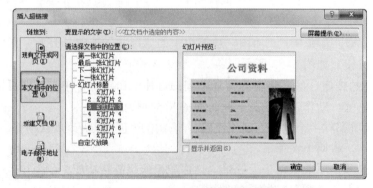

图 5-55　"插入超链接"对话框

在此对话框中可完成如下设置：

● 现有文件或网页：超链接到其他文档、应用程序或由网站地址决定的网页。

- 本文档中的位置：超链接到本文档的其他幻灯片中。
- 新建文档：超链接到一个新文档中。
- 电子邮件地址：超链接一个电子邮件地址。

（2）利用动作设置超链接

利用动作设置超链接的操作步骤如下。

① 选定要利用动作设置超链接的对象。

② 单击"插入"选项卡下"链接"功能组中的"动作"按钮，弹出"动作设置"对话框。具体操作参考动作按钮的设置。

（3）删除超链接

如果对已经建立的文本或对象的超链接不再需要了，可以将它删除。删除超链接的具体操作步骤如下。

① 选中已经建立超链接的文本或对象。

② 右击，从弹出的快捷菜单中选择"取消超链接"命令。

4．插入影片和声音

为了改善幻灯片放映时的视听效果，用户可以向幻灯片中添加音频和视频剪辑。既可以从剪辑库中选择，也可以从硬盘中插入多媒体对象。

（1）在幻灯片中插入音频

在制作幻灯片时，用户可以根据需要在幻灯片中插入声音，以增加向观众传达信息的通道。在幻灯片中插入音频的具体操作步骤如下。

① 选择要添加音乐或声音的幻灯片。

② 单击"插入"选项卡中"媒体"功能组中的"音频"按钮，打开图 5-56 所示的下拉列表。

③ 选择"文件中的音频"命令，在打开的"插入音频"对话框中选择需要插入的音频文件。

如果使用"剪辑库"中的声音或音乐，可以选择"剪贴画音频"命令，打开"剪贴画"窗格，可以从声音文件列表框中选取所需要的声音文件，或者可以在"搜索文字"文本框中输入声音文件的类

图 5-56　"音频"下拉列表

型，可以快速找到某一类别的声音文件，缩小查找文件的范围。如果要录制自己的声音，可以从级联菜单中选择"录制音频"命令。

④ 声音文件插入后，幻灯片中都会出现一个"喇叭"图标。

⑤ 在幻灯片中插入音频后，可以通过"音频工具"选项卡（见图 5-57）完成音频的设置。

图 5-57　"音频工具"选项卡

（2）在幻灯片中插入视频

在 PowerPoint 2010 中，用户可以添加视频，使演示文稿更加生动有趣。在幻灯片中插入视频的操作方法与插入音频的操作方法相似，具体步骤如下。

① 选择要插入视频的幻灯片。

② 单击"插入"选项卡中"媒体"功能组中的"视频"按钮，打开图 5-58 所示的下拉列表。

③ 选择"文件中的视频"命令，在打开的"插入视频"对话框中选择需要插入的视频文件。

如果使用"剪辑库"中的影片，选择"剪贴画视频"命令，打开"剪贴画"窗格，从该窗格的列表框中选取所需要的视频文件。

图 5-58　"视频"下拉列表

📌 任务实施

1．任务分析

● 通过"动画"和"切换"选项卡，对幻灯片进行动画设置和切换设置。

● 通过"插入"选项卡，分别给幻灯片添加超链接、音频和视频。

2．任务实现

（1）设置幻灯片的动画效果

① 选中"经营理念"幻灯片，选中下面的文字部分，单击"动画"选项卡"高级动画"功能组中的"添加动画"，如图 5-59 所示，展开下拉列表，选择"进入"→"飞入"。

图 5-59　"动画"选项卡

② 然后在"效果选项"下拉列表中选择"自左侧"，下面的"序列"选择"按段落"，也可以在"更多进入效果"中选择其他不同的动画效果，如图 5-60 所示。

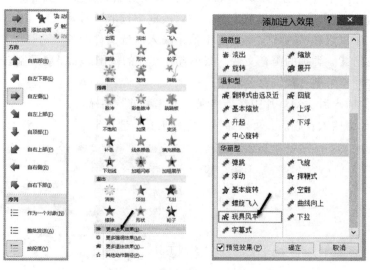

图 5-60　设置幻灯片的动画效果

（2）设置幻灯片的切换效果

单击"切换"选项卡，选择"切换到此幻灯片"功能组中的"擦除"效果，在"效果选项"下拉列表中选择"自左侧"，然后单击"全部应用"按钮，就可以给每一张幻灯片都添加切换效果，如图 5-61 所示。

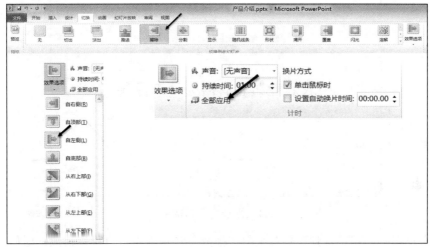

图 5-61　设置幻灯片的切换效果

（3）给幻灯片添加音乐

① 单击"插入"选项卡"媒体"功能组中的"音频"，如图 5-62 所示，选择"文件中的音频"。

图 5-62　插入音频

② 在打开的"插入音频"对话框中，如图 5-63 所示，选择要插入的音乐文件，单击"插入"按钮。

图 5-63　"插入音频"对话框

③ 插入音乐后幻灯片上会出现一个小喇叭，放映时单击小喇叭就可以播放音乐了，如图 5-64 所示。

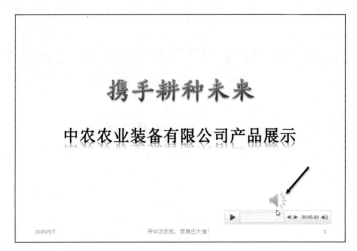

图 5-64　添加完音乐的幻灯片

④ 单击小喇叭，在"音频工具"下的"播放"选项卡下可以设置播放的时间，勾选"循环播放，直到停止"和"播完返回开头"复选框，可以让音乐循环播放，如图 5-65 所示。

图 5-65　"音频工具"-"播放"选项卡

（4）加入产品性能视频文件

① 单击"插入"选项卡"媒体"功能组中的"视频"，如图 5-66 所示，在下拉列表中选择"文件中的视频"。

图 5-66　插入"视频"

② 在打开的"插入视频文件"对话框中选择要插入的视频文件，单击"插入"按钮，如图 5-67 所示。

③ 插入视频后幻灯片如图 5-68 所示，会出现视频的缩略图，播放时鼠标指针移动到画面中，单击 ▶ 按钮就可以播放视频了，需要注意的是 PowerPoint 2010 不能识别.mp4 格式的视频，需要转换成.wmv 或者.swp 格式的视频才可以播放。

图 5-67　"插入视频文件"对话框

图 5-68　插入视频后的幻灯片

（5）设置超链接

① 给"展示提要"幻灯片添加超链接，单击"插入"选项卡"链接"功能组中的"超链接"，如图 5-69 所示。

图 5-69　"插入"选项卡

② 在弹出的"插入超链接"对话框中，如图 5-70 所示，选择"本文档中的位置"→"幻灯片 4"，然后单击"确定"按钮。

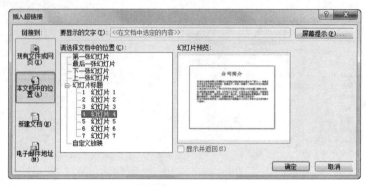

图 5-70 "插入超链接"对话框

同步训练

给上一节制作好的计算机的产品介绍幻灯片添加动画效果，插入音频、视频和超链接。

任务3 设计产品介绍演示文稿的外观

任务描述

需要给中农农业装备有限公司的产品介绍演示文稿添加页眉页脚和背景，如图 5-71 所示。

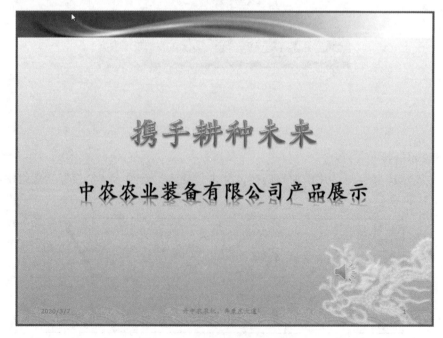

图 5-71 美化后的幻灯片

相关知识

1．快速应用主题

① 打开要应用文档主题的演示文稿。

② 选择"设计"选项卡中的"主题"功能组右侧的按钮，可以查看其他主题样式，单击右侧的"其他"按钮，可打开"所有主题"下拉列表，如图 5-72 所示。

图 5-72　"所有主题"下拉列表

③ 选择所需的主题后，主题即应用到幻灯片中。

2．自定义主题

如果"主题"列表中的主题样式满足不了需求，还可根据自己的需要自定义主题样式，即通过"设计"选项卡中的"颜色"、"字体"和"效果"按钮，对主题的颜色、字体和效果进行设置。

（1）应用主题颜色

主题颜色包含 4 种文体和背景颜色、6 种强调文字颜色和 2 种超链接颜色。演示文稿应用主题颜色的具体操作步骤如下。

① 选择要应用主题颜色的幻灯片。

② 单击"设计"选项卡"主题"功能组中的"颜色"按钮，弹出内置主题颜色列表，如图 5-73 所示。

③ 如果只需要应用于选定幻灯片的主题颜色，将鼠标指针移至内置颜色外，右击，在快捷菜单中选择"应用于所选幻灯片"，如果需要应用于所有幻灯片的主题颜色，可单击"应用于所有幻灯片"选项。

（2）新建主题颜色

如果现有的主题颜色不能满足要求，还可以创建自己的主题颜色。具体操作步骤如下。

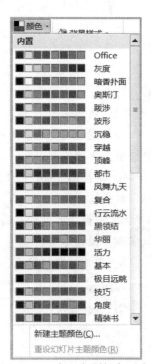

图 5-73　内置主题颜色列表

① 选择图 5-73 中"新建主题颜色"命令，弹出图 5-74 所示的对话框。

图 5-74 "新建主题颜色"对话框

② 根据需要设置对话框中主题各部分的颜色，然后输入自定义名称，保存即可。

（3）应用主题字体

为演示文稿应用主题字体，具体操作步骤如下。

① 选择要应用主题字体的幻灯片。

② 单击"设计"选项卡中的"主题"功能组中的"字体"按钮，弹出内置字体列表，如图 5-75 所示。

③ 如果需要应用于所有幻灯片的主题字体，单击"应用于所有幻灯片"选项。

（4）新建主题字体

如果现有的主题字体不能满足要求，还可以创建自己的主题字体。具体操作步骤如下。

① 选择图 5-76 中的"新建主题字体"命令，弹出"新建主题字体"对话框。

② 根据需要设置对话框中主题的西文和中文字体，然后输入自定义名称，保存即可。

图 5-75 内置字体列表

3. 应用主题效果

为演示文稿应用主题效果，具体操作步骤如下。

① 选择要应用主题效果的幻灯片。

② 单击"设计"选项卡中的"主题"功能组中的"效果"按钮，弹出内置效果列表，如图 5-76 所示。

③ 如果需要应用于所有幻灯片的主题效果，单击"应用于所有幻灯片"选项。

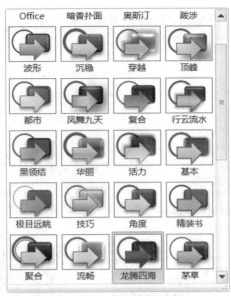

图 5-76　内置效果列表

4．使用幻灯片母版

母版是 PowerPoint 2010 中一种特殊的幻灯片，用于控制演示文稿中各幻灯片的某些共有格式（如文本格式、背景格式）或对象。母版中一般包含如下的信息：

- 文本占位符和对象占位符，包含它们的大小及位置。
- 标题文本及其他各级文本的字符格式和段落格式。
- 幻灯片的背景填充效果。
- 出现在每张幻灯片上的文本框或图形、图片对象。

由于幻灯片中的母版用于统一整个演示文稿格式，所以只需要对母版进行修改，即可完成对多张幻灯片外观的改变。

打开"视图"选项卡，"母版视图"功能组中包括 3 种作用和视图都不同的母版，如图 5-77 所示。

图 5-77　3 种母版视图

下面对母版的各种类型分别介绍。

（1）幻灯片母版

幻灯片母版是幻灯片模板的载体，使用它不但可以制作出不同版式的幻灯片，还可以为幻灯片制作出统一的样式。

① 在 PowerPoint 2010 界面中，切换至"视图"选项卡，在"母版视图"功能组单击"幻灯片母版"，打开"幻灯片母版"选项卡，如图 5-78 所示。

图 5-78　"幻灯片母版"选项卡

② 在幻灯片母版中，包含 5 个占位符（由虚线框所包围），分别是：标题区、对象区、日期区、页脚区和数字区。制作者可以像修改图片那样，改变这些占位符的大小和位置，改变任何一个占位符的位置后，所有幻灯片中的位置也将发生改变。

③ 在幻灯片编辑区中选择标题占位符中文本，在"开始"选项卡中，分别对"字体"和"字号"进行设置，如图 5-79 所示。

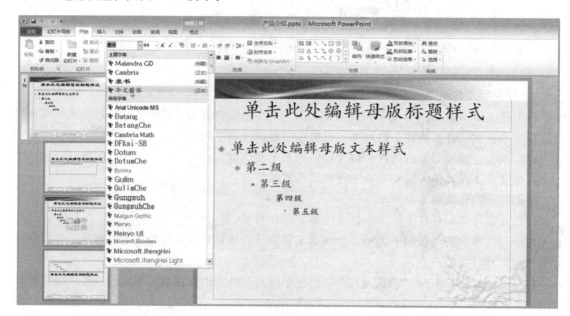

图 5-79　设置幻灯片母版

（2）讲义母版

讲义母版用于更改讲义的打印设计与版式，如定义幻灯片数量，设置页眉、页脚、日期、页码、主题和背景等。

（3）备注母版

备注母版主要用来设置备注信息的显示方式，如纸张的大小、排列方向、显示或隐藏相应的内容。

5. 使用背景样式

用户可以为幻灯片设置不同的颜色、阴影、图案背景，也可以使用图片作为幻灯片背景，从而使幻灯片产生更精致的效果，用户可以为幻灯片添加图案、纹理、图片或背景颜色。

设置幻灯片背景颜色的具体操作步骤如下。

① 选定要设置背景颜色的幻灯片。

② 单击"设计"选项卡中"背景"功能组中的"背景样式"下拉按钮，展开下拉列表如图 5-80 所示。

③ 选择"背景样式"下拉列表中的"设置背景格式"命令，打开图 5-81 所示的对话框。

④ 根据需要对"设置背景格式"对话框中的有关内容进行设置，详细操作步骤请参阅 Word 2010 图形格式部分。最后单击"全部应用"按钮，即可完成背景的修改。

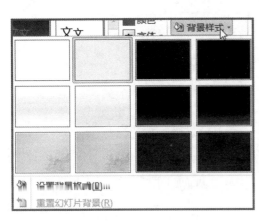

图 5-80 "背景样式"下拉列表

图 5-81 "设置背景格式"对话框

任务实施

1. 任务分析

- 通过"设计"选项卡下的"主题"列表应用，快速给演示文稿添加各种不同的已经设置好的背景。
- 通过使用幻灯片母版设置背景。
- 通过使用背景样式设置背景。

2. 任务实现

（1）设置幻灯片的页眉和页脚

① 单击"插入"选项卡"文本"功能组下的"页眉和页脚"，如图 5-82 所示。

图 5-82 "插入"选项卡

② 在打开的"页眉和页脚"对话框中输入如图 5-83 所示内容，并单击"全部应用"按钮。

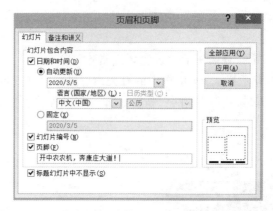

图 5-83　"母版视图"功能组的"页眉和页脚"对话框

（2）修改幻灯片母版

① 单击"视图"选项卡"母版视图"功能组的"幻灯片母版"，如图 5-84 所示。

图 5-84　"视图"选项卡

② 在打开的幻灯片母版的第一级幻灯片中插入图 5-85 所示图片，作为幻灯片的背景。

③ 用幻灯片浏览视图查看，会发现每一张幻灯片上都添加了该图作为背景，如图 5-86 所示。

图 5-85　幻灯片母版编辑

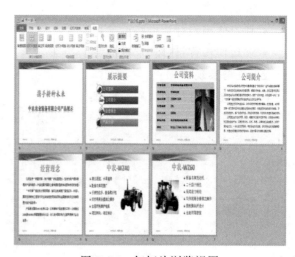

图 5-86　幻灯片浏览视图

（3）使用主题更改幻灯片的背景

① 展开"设计"选项卡下的"所有主题"下拉列表，选择"龙腾四海"主题修饰整个幻灯片，如图 5-87 所示。

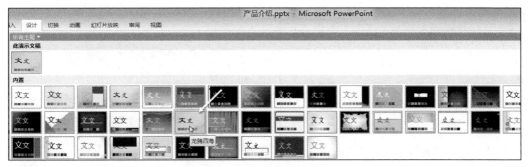

图 5-87　幻灯片主题

② 改变背景后的幻灯片如图 5-88 所示，会发现所有的幻灯片的背景都改变了。

图 5-88　幻灯片浏览视图

③ 如果只想用主题修饰其中的某一张幻灯片，也可以右击所选主题，在快捷菜单中选择"应用于选定幻灯片"，如图 5-89 所示。

图 5-89　主题应用快捷菜单

（4）使用"幻灯片背景"设置背景图案

① 选中第一张标题幻灯片，在空白处右击，在弹出的快捷菜单中选择"设置背景格式"，如图 5-90 所示。

② 在弹出的"设置背景格式"的对话框中，选择"填充"→"渐变填充"→"预设颜色"设为"雨后初晴"，就可单独更改第一张幻灯片的背景了，如图 5-91 所示。

图 5-90 快捷菜单

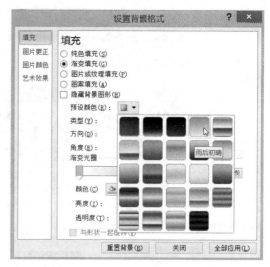

图 5-91 "设置背景格式"对话框

同步训练

给上一节制作好的计算机介绍幻灯片片加上合适、美观的背景。

任务 4 放映与打包幻灯片

任务描述

幻灯片做好了，要为放映幻灯片做准备，如果放映时不能携带自己的计算机，就要打包幻灯片，如果幻灯片需要打印，也要为打印做准备。

相关知识

1. 设置放映方式

演示文稿设计和制作完成后，还要对其放映方式和播放过程进行设置。

（1）简单放映

从演示文稿第一张幻灯片开始放映，有以下几种方法：

① 选择"幻灯片放映"选项卡"开始放映幻灯片"功能组下的"从头开始"命令。

② 按【F5】键。

（2）设置放映方式

通过"设置放映方式"对话框，用户可以设置幻灯片的放映类型、换片方式、放映选项、放映幻灯片页数等参数。设置放映方式的具体操作步骤如下。

① PowerPoint 2010 为演示文稿提供了 3 种不同的放映方式。要设置放映方式，可单击"幻灯片放映"选项卡下"设置"功能组中的"设置幻灯片放映"按钮，打开"设置放映方式"对话框，如图 5-92 所示。

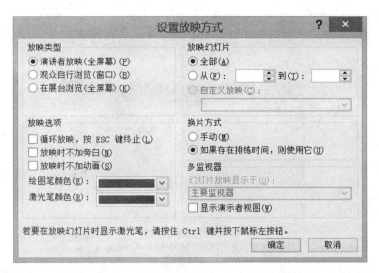

图 5-92　"设置放映方式"对话框

② 在"放映类型"选区中，选择幻灯片的播放类型，执行下列操作中的一种即可。

● 选中"演讲者放映（全屏幕）"单选按钮，将以全屏幕方式显示演示文稿。这是常用的演示方式，通常用于演讲者播放幻灯片，演讲者具有完全的控制权。

● 选中"观众自行浏览（窗口）"单选按钮，将在小型窗口内播放幻灯片，并提供命令在放映时移动、编辑、复制和打印幻灯片。

● 选中"在展台浏览（全屏幕）"单选按钮，可以自动运行演示文稿，除了单击超链接和动作按钮外，大多数控制都不能够使用，并且在播放过程中每隔 5 min 以上，它都会自动开始。

③ 在"放映选项"选区中指定放映方式。若选中"循环放映，按 ESC 键终止"复选框，可以设置循环播放效果；若选中"放映时不加旁白"复选框，在放映时不会附加旁白解释；若选中"放映时不加动画"复选框，可以在放映幻灯片时，隐藏为幻灯片对象所设置的动画效果，但不删除动画。

④ 在"放映幻灯片"选区中指定放映范围。

⑤ 在"换片方式"选区中选中"手动"单选按钮，可以通过按键或单击的方式进行人工换片；若选中"如果存在排练时间，则使用它"单选按钮，则以"幻灯片切换"任务窗格中设置的排练时间进行自动切片。如果没有设置排练时间，则该按钮为不可用状态。

⑥ 所有设置完成之后，单击"确定"按钮即可。

（3）放映过程中的辅助控制技巧

在放映视图中，虽然可以通过右击调出快捷菜单，用于控制放映的过程。但是，此方法显得屏幕较乱。为此，PowerPoint 2010 在屏幕左下角提供了一组水印工具按钮，包括上翻一页、下翻一页的按钮，以及绘图笔使用按钮和播放控制按钮。

（4）自定义放映

可以通过创建自定义放映使一个演示文稿适于多种观众。自定义放映可以是演示文稿中组合在一起能够单独放映的幻灯片，也可以是超链接所指向的演示文稿中的一组幻灯片。

设置幻灯片自定义放映的具体步骤如下。

① 选择"幻灯片放映"选项卡"开始放映幻灯片"功能组中的"自定义幻灯片放映"按钮，打开"自定义放映"对话框，如图 5-93 所示。

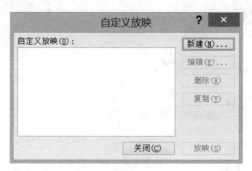

图 5-93 "自定义放映"对话框

② 在该对话框中单击"新建"按钮，弹出"定义自定义放映"对话框，如图 5-94 所示。

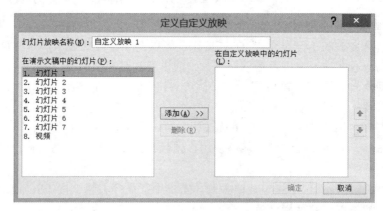

图 5-94 "定义自定义放映"对话框

③ 在该对话框中的"幻灯片放映名称"文本框中输入幻灯片放映的名称；在"在演示文稿中的幻灯片"列表框中选择幻灯片，单击"添加"按钮，即可将其添加到"在自定义放映中的幻灯片"列表框中；添加一定数量的幻灯片后，在"自定义放映中的幻灯片"列表框中选中一张幻灯片，单击"向上"按钮▲或"向下"▼可调整该幻灯片的位置。如果要删除"在自定义放映中的幻灯片"列表框中的幻灯片，先选中该幻灯片，然后单击"删除"按钮即可。

④ 设置完成后，单击"确定"按钮，返回到"自定义放映"对话框中，在"自定义放映"列表框中将显示出所设置的自定义放映名称。

⑤ 单击"放映"按钮，开始放映自定义演示文稿；单击"关闭"按钮，关闭"自定义放映"对话框，同时用户的自定义演示文稿将保存在自定义放映库中。

2．设置放映时间

用户可以通过两种方法来设置幻灯片的放映时间：第一种方法是手动为每张幻灯片设置时间；第二种方法是排列时记录排练时间。用户可以在放映幻灯片时，通过单击来逐张地放映幻灯片，如果不想在放映时手动更换每张幻灯片，可以为幻灯片设置自动切换功能。

（1）手动设置放映时间

具体操作步骤如下。

① 在普通视图中，选定要设置放映时间的幻灯片。

② 在"切换"选项卡下"计时"功能组中，如图 5-95 所示，选中"设置自动换片时间"复选框，然后在右边的数值框中输入该幻灯片在屏幕上出现的秒数。如果要将此时间间隔应用到所有幻灯片上，幻灯片将自动切换。

（2）排练时记录排练时间

排练计时就是在用户模拟彩排的过程中，系统记录下每张幻灯片的放映时间，并应用于以后的放映。用户可以使用排练计时功能，排练同时记录幻灯片之间切换的时间间隔，用户可以进行多次排练，以获得最佳的时间间隔。

在排练时自动设置幻灯片的放映时间，操作步骤如下。

① 选择"幻灯片放映"选项卡下"设置"功能组中"排练计时"命令，这时将开始幻灯片的放映，并且在屏幕上出现图 5-96 所示的"录制"工具栏。

图 5-95　"计时"组

图 5-96　"录制"工具栏

② 要播放下一张幻灯片，可以单击"下一项"按钮，这时计时器会自动记录该幻灯片的放映时间；如果单击"重复"按钮，可以重新开始计时当前幻灯片的放映；如果要暂停计时，可以单击"暂停"按钮，再次单击"暂停"按钮，又会继续幻灯片的放映。

③ 放映完毕后，屏幕上出现提示框，单击"是"按钮，就可以使记录的时间生效。

3．演示文稿的打印与打包

1）演示文稿的打印

演示文稿不仅可以放映，还可以打印成讲义。打印之前，应设计好打印文稿的大小和打印方向，以获得良好的打印结果。

通过打印设备可以输出幻灯片、大纲、演讲者备注及观众讲义等多种形式的演示文稿。打印前应先进行页面、打印等有关设置。

（1）打印设置

在幻灯片视图、大纲视图、备注页视图和幻灯片浏览视图中都可以进行打印工作，具体操作步骤如下。

① 打开准备打印的演示文稿。

② 选择"文件"选项卡中的"打印"命令，打开"打印"列表，如图 5-97 所示。

③ 在"打印机"区域中选择所使用的打印机类型。

④ 在"设置"区域中选择要打印的范围，可以打印全部演示文稿、打印当前幻灯片，也可以通过输入幻灯片编号来指定某一范围；展开"整页幻灯片"下拉列表，可以选择打印版式和打印讲义等。

图 5-97　"打印"列表

⑤ 设置单面打印或双面打印。

⑥ 设置打印彩色模式，可以设置颜色、灰度或纯黑白。

⑦ 完成各项选择后，在"份数"区域中可设置打印份数，单击"打印"按钮便开始打印。

（2）设置幻灯片大小和打印方向

对要打印的幻灯片设置幻灯片大小和打印方向，具体操作步骤如下。

① 单击"设计"选项卡下"页面设置"功能组中的"页面设置"按钮，可以打开图 5-98 所示的"页面设置"对话框。

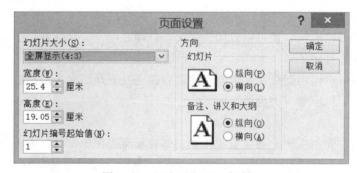

图 5-98　"页面设置"对话框

② 在"幻灯片大小"下拉列表中选择要打印的纸张大小。

③ 若要为幻灯片设置页面方向，可在"幻灯片"选项区域中选中"纵向"或"横向"单选按钮。

④ 设置完成后单击"确定"按钮。

2）演示文稿的打包

制作好的 PowerPoint 2010 演示文稿复制到需要演示的计算机上时,却发现有些字体不见了,或者某些特殊效果也没有了，这是因为演示的计算机上没有安装 PowerPoint 或者安装了 PowerPoint 较低版本所致。掌握了"打包"，就不必再被 PowerPoint 兼容性问题困扰了。

演示文稿打包具体操作步骤如下。

① 选择"文件"选项卡中的"保存并发送"选项，选择"将演示文稿打包成 CD"命令，如图 5-99 所示，并单击右边的"打包成 CD"按钮，打开"打包成 CD"对话框，如图 5-100 所示。

图 5-99　打包菜单

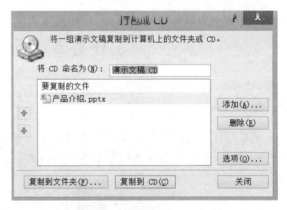

图 5-100　"打包成 CD"对话框

② 单击"添加"按钮，选取要进行打包的文件，如果要打包的文件目录已经存在，就不需要再添加；若单击"选项"按钮，则将打开"选项"对话框，如图 5-101 所示，可更改设置，还可设置密码保护，单击"确定"按钮返回到"打包成 CD"对话框。

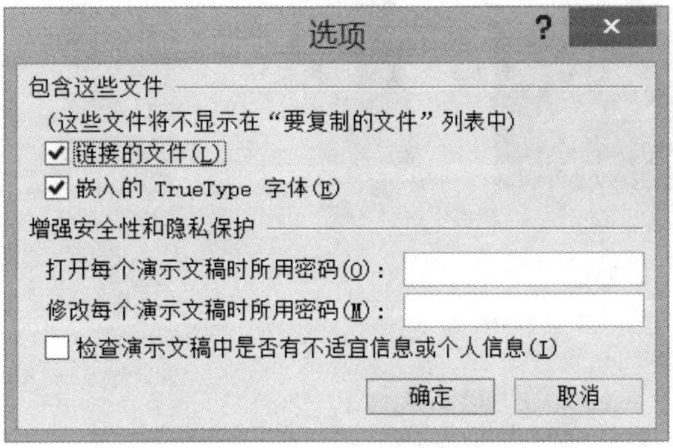

图 5-101　"选项"对话框

③ 若单击"复制到文件夹"按钮，则将打开"复制到文件夹"对话框，如图 5-102 所示，在此处可设置文件夹名及存放位置，然后单击"确定"按钮。

图 5-102　"复制到文件夹"对话框

任务实施

任务实施省略了，因为和"相关知识"的内容完全重复。

同步训练

给上一节制作好的计算机介绍幻灯片设置好放映模式，打包存好。

任务 5　插　入　相　册

任务描述

现假定有一批图片存放在一个文件夹下，如图 5-103 所示，我们需要将这些图片批量置入 PPT 文档中，设置切换和动画效果后，可以进行播放。

图 5-103　相片展示

相关知识

幻灯片的切换方式是指演示文稿在播放过程中幻灯片进入和离开屏幕时产生的视觉效果，PowerPoint2010 提供了许多特殊的放映效果。在演示文稿制作过程中，可以为某一张幻灯片设计切换效果，也可以为一组幻灯片设计相同的切换效果。

设置幻灯片切换效果的具体操作步骤如下。

① 选择要添加切换效果的幻灯片。

② 选择"切换"选项卡下的"切换到此幻灯片"功能组中，选择适合的切换方式，如图 5-104 所示。

图 5-104　"切换到此幻灯片"功能组

③ 在"切换"选项卡下"计时"功能组中，可以根据需要进行切换效果设置，如图 5-105 所示。

图 5-105　设置"切换效果"

任务实施

① 启动 Microsoft PowerPoint 2010，新建一个空白文档，如图 5-106 所示。

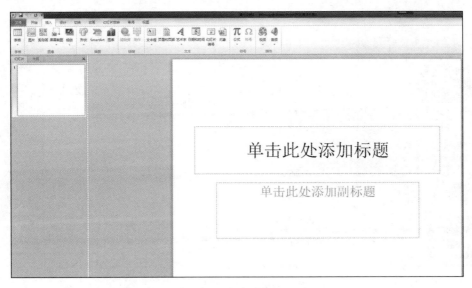

图 5-106　新建空白幻灯片

② 单击"插入"→"相册"→"新建相册",在随后出现的"相册"对话框中,单击"文件/磁盘"按钮,弹出"插入新图片"对话框,如图 5-107 所示。

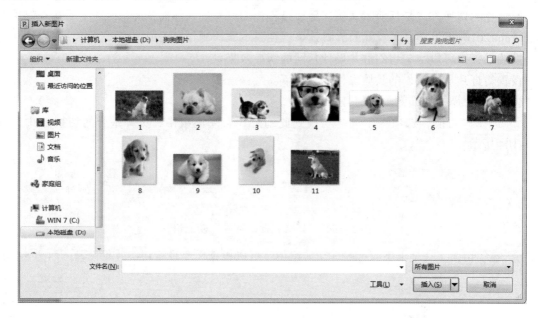

图 5-107　"插入新图片"对话框

③ 找到存放图片的文件夹,全选所有图片,单击"插入"按钮。

④ 在随后出现的"相册"对话框中,可以删除不需要的图片,单击"创建"按钮,创建"相册"如图 5-108 所示。

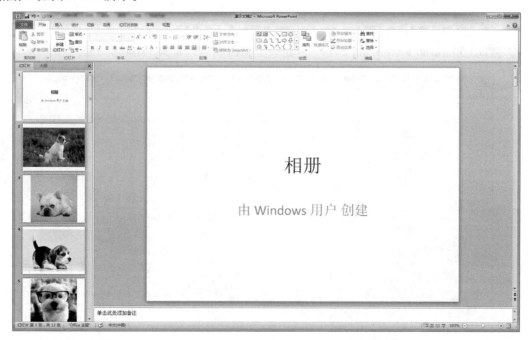

图 5-108　创建"相册"

⑤ 在新创建的文档中，右击左边第一张幻灯片，选择"删除幻灯片"，删除后如图 5-109 所示。

图 5-109　"删除幻灯片"对话框

⑥ 单击左侧第一张幻灯片，按【Ctrl+A】组合键全选所有幻灯片，如图 5-110 所示。

图 5-110　"全选"对话框

⑦ 如图 5-111 所示，单击"切换"→"推进"，设置"效果选项"为"自左侧"，设置

合适的"持续时间"，去掉"换片方式"下"单击鼠标时"的勾选，选中"设置自动换片时间"，设置合适的自动换片时间。

图 5-111   "幻灯片切换"对话框

⑧ 如果需要设置某些图片的动画效果，则分别设置。

⑨ 按【F5】键查看播放效果。可随时按【Esc】键关闭播放，对单张幻灯片以及其切换设置进行微调。

⑩ 保存 PPT 文档。

注意：可以通过批量选择幻灯片批量设置切换效果。

同步训练

Microsoft PowerPoint 2010 多张幻灯片批量操作。

任务 6   图片动画效果

任务描述

分别给下面的"石头"图片和"心脏"图片设置不同的动画效果。

相关知识

在 PowerPoint 2010 中，用户可以对同一个对象添加多个动画，具体操作步骤如下。

① 选择需要添加多个动画效果的对象，单击"动画"选项卡下"高级动画"功能组中的添加动画按钮，在弹出的下拉列表中选择一种动画效果。

② 执行该命令后，可为选中的对象添加多个动画。

当需要查看为图形设置的动画方案时，可以在"高级动画"功能组中单击"动画窗格"按钮，在弹出的动画窗格中说明了该动画的信息，用户还可以在"动画窗格"中单击"播放"按钮，可观看设置的动画效果。

任务实施

1. "淡出"动画效果训练

① 启动 Microsoft PowerPoint 2010，新建一张空白演示文稿。

② 单击"插入"→"图片"，插入一张预先存放在磁盘上的图片，如图 5-112 所示。

图 5-112　插入图片

③　在页面上单击选中该图片，然后将其复制于相同位置，如图 5-113 所示。

图 5-113　复制图片

④　选中其中一张图片，单击"图片工具"下"格式"→"颜色"，颜色饱和度设为 0%。

⑤　右击灰度图片，选择"置于底层"，如图 5-114 所示。右击彩色图片，选择"置于顶层"。

图 5–114　选择"置于底层"

⑥ 在选中彩色图片的情况下，单击"动画"→"淡出"。

⑦ 单击"高级动画"功能组的"动画窗格"，使动画窗格显示出来，如图 5–115 所示。

图 5–115　调出"动画窗格"

⑧ 按图 5–116 所示进行动画设置。

图 5-116　设置"动画窗格"

⑨ 选中灰度图片，按步骤⑥⑧进行动画设置，如图 5-117 所示。

图 5-117　设置灰度图片

⑩ 移动彩色图片或灰度图片中的一张，使两张图片位置完全重合，如图 5-118 所示。

⑪ 在动画窗格里将第一个动画下移动至第二个动画之下。

图 5-118　移动动画位置

⑫ 按【F5】键播放，即可看到图片由灰度图变至彩图的一个渐变过程。

⑬ 保存演示文稿。

2. 模仿制作心脏跳动动画效果

① 已知有如下已制作好的心脏跳动动画效果，如图 5-119 所示。

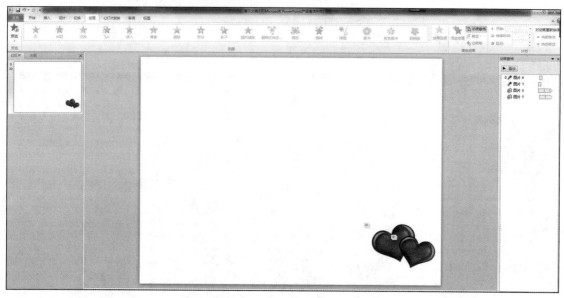

图 5-119　心脏跳动动画

② 选中其中一张图片，按住【Ctrl】键再选中另一张图片。

③ 复制一组相同图片，移动其中一组图片至页面其他位置，如图 5-120 所示。

图 5-120　复制并移动图片

④ 在动画窗格里将最下面四个动画效果删除，如图 5-121 所示。

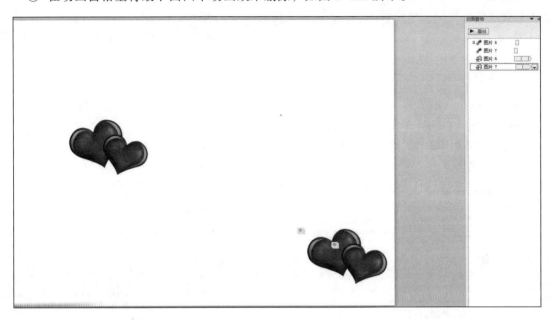

图 5-121　删除动画效果

⑤ 选中保留了动画效果的一个心脏图片，查看"动画窗格"，它有两个动画效果，如图 5-122 所示。

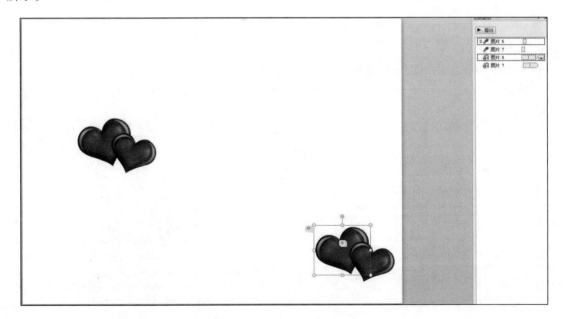

图 5-122　查看动画效果

⑥ 在"动画窗格"里，指针指向第一个动画效果，单击最右边的下拉按钮，选择"效果选项"。

⑦ 随后出现"基本缩放"对话框，在对话框中单击"效果"标签，记住每个选择，再单击"记时"标签，也记住每个选择。

⑧ 在页面中选中与刚才观察过动画效果一样的另一张图片（这张图片先前去掉了动画效果），按照刚才所记住的给它添加同样的动画效果（放大/缩小）。

⑨ 同样的方法先观察这张心脏图片上的第二个动画效果，再将同样的动画效果添加到先前去掉了动画效果的图片。

⑩ 再按以上的方法给另一张去掉了动画效果的心脏图片添加两个动画效果（基本缩放、放大/缩小）以及效果选项设置。

⑪ 注意调整动画窗格里每个动画播放的顺序。

⑫ 按【F5】键播放，即可看到模仿学会制作的心脏跳动的动画效果。

⑬ 保存演示文稿。

3. 模仿制作云彩飞行动画效果

① 已知有如下已制作好的云彩飞行动画效果，如图 5-123 所示。

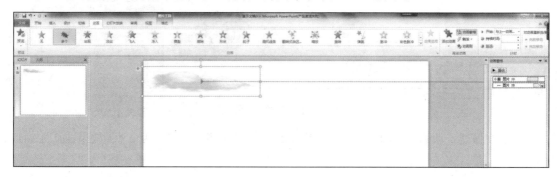

图 5-123　云彩飞行动画

② 选中云彩图片。

③ 复制一张相同图片，移动其中一张至页面其他位置，如图 5-124 所示。

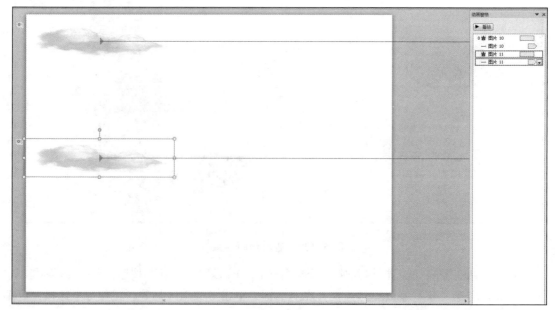

图 5-124　复制图片

④ 在动画窗格里将最下面两个动画效果删除，如图 5-125 所示。

图 5-125　删除动画效果

⑤ 选中保留了动画效果的云彩图片，查看"动画窗格"，它有两个动画效果，如图 5-126 所示。

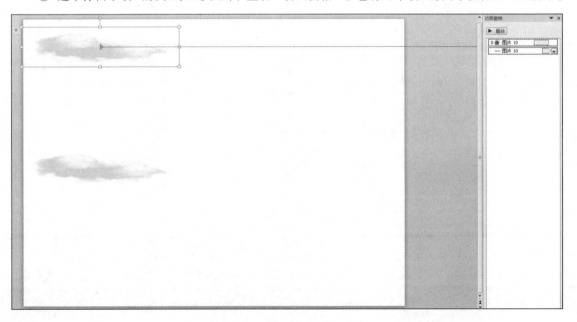

图 5-126　查看动画效果

⑥ 在"动画窗格"里，指针指向第一个动画效果，单击最右边的下拉按钮，选择"效果选项"。

⑦ 随后出现"效果选项"对话框，从工具栏上知道这个动画名称是淡出。在对话框中单击"效果"标签，记住每个选择，再单击"记时"标签，也记住每个选择。

⑧ 在页面选中与刚才观察过动画效果一样的另一张图片（这张图片先前去掉了动画效果），按照刚才所记住的给它添加同样的动画效果（直线）。

⑨ 按以上的方法给另一张去掉了动画效果的云彩图片添加两个动画效果（淡出、直线）以及效果选项设置。

⑩ 注意调整动画窗格里每个动画播放的顺序。

⑪ 按【F5】键播放，即可看到模仿学会制作的云彩飞行动画效果。

⑫ 保存演示文稿。

注意：

① 观察学习要细致。

② 多次模仿学习才会使自己熟能生巧。

同步训练

① 制作淡出动画效果。

② 制作自定义路径动画效果。

③ 制作缩放动画效果。

単元 6

计算机网络与 Internet 应用

计算机网络是利用通信设备和线路将地理位置不同的、功能独立的多个计算机系统连接起来，通过功能完善的网络软件实现网络的硬件、软件及资源共享和信息传递的系统。

Internet 是一个由不同类型、不同规模、独立运行和管理的计算机网络组成的全球性计算机网络。通过普通电话线、高速率专用线路、卫星、微波和光纤等通信介质把不同国家的大学、公司、科研部门以及政府部门等组织的网络连接起来，形成一个世界规模的信息和服务资源。通过使用 Internet，人们可以获取知识、互通信息、游戏娱乐等。

知识目标

- 了解计算机网络的基本概念。
- 了解 Internet 的基础知识。
- 熟练掌握云盘的使用。
- 熟练掌握电子邮件的使用和操作。

能力目标

- 能够熟练掌握浏览器、电子邮件的使用和操作。
- 能够上传和下载共享资源。
- 能够使用 Outlook 收发电子邮件。
- 能够通过百度云盘分享数据。

任务 1　接入 Internet

任务描述

为了满足家庭成员共享网络，实现手机、平板电脑和计算机同时上网的需求，特购置一台 TP-LINK 路由器，通过对其设置解决这一问题。

相关知识

1．计算机网络

计算机网络是指将地理位置不同的具有独立功能的多台计算机及其外围设备，通过通信线路连接起来，在网络操作系统、网络管理软件及网络通信协议的管理和协调下，实现资源共享和信息传递的计算机系统。

计算机网络的分类有多种划分标准。根据网络使用的传输介质，可以把计算机分为双绞线网（以双绞线为传输介质）、光纤网（以光缆为传输介质）、同轴电缆网（以同轴电缆为传输介质）、无线网络（以无线电波为传输介质）和卫星数据通信网（通过卫星进行数据通信）等。按网络的拓扑结构分类，可以把网络分为总线网、环状网、星状网、树状网、网状网和混合网。根据所使用的局域网的标准协议分类，可以把计算机网络分为以太网（IEEE 802.3）、快速以太网（IEEE 802.3u）、千兆以太网（IEEE 802.3z 和 IEEE 802.3ab）、万兆以太网（IEEE 802.3ae）和令牌环网（IEEE 802.5）等。

虽然网络类型的划分标准各种各样，但是从地理范围划分是一种大家都认可的通用网络划分标准。按这种标准可以把各种网络类型划分为局域网、城域网、广域网和互联网四种。局域网一般来说只能是一个较小区域内，城域网是不同地区的网络互联，不过在此要说明的一点就是这里的网络划分并没有严格意义上地理范围的区分，只能是一个定性的概念。

① 局域网（LAN），是一个高速数据通信系统，它在较小的区域内将若干独立的数据设备连接起来，使用户共享计算机资源。局域网的地域范围一般只有几千米。局域网的基本组成包括服务器、客户机、网络设备和通信介质。通常，局域网中的线路和网络设备的拥有、使用、管理一般都是属于用户所在公司或组织的。

② 广域网（WAN），一般是在不同城市之间的 LAN 或者 MAN 网络互联，地理范围可从几百千米到几千千米。因为距离较远，信息衰减比较严重，所以这种网络一般是要租用专线，通过 IMP（接口信息处理）协议和线路连接起来，构成网状结构，解决循径问题。这种城域网因为所连接的用户多，总出口带宽有限，所以用户的终端连接速率一般较低，通常为 9.6 Kbit/s～45 Mbit/s 如邮电部的 CHINANET、CHINAPAC、CHINADDN 网。

③ 城域网（MAN），一般来说是在一个城市，但不在同一地理小区范围内的计算机互联。这种网络的连接距离可以在 10～100 千米，它采用的是 IEEE 802.6 标准。MAN 与 LAN 相比，扩展的距离更长，连接的计算机数量更多，在地理范围上可以说是 LAN 网络的延伸。在一个大型城市或都市地区，一个 MAN 网络通常连接着多个 LAN 网，如连接政府机构的 LAN、医院的 LAN、电信的 LAN、公司企业的 LAN 等。由于光纤连接的引入，使 MAN 中高速的 LAN 互联成为可能。

2．Internet

（1）Internet 概述

Internet（因特网）是一组全球信息资源的总汇。有一种粗略的说法，认为 Internet 是由许多小的网络（子网）互联而成的一个逻辑网，每个子网中连接着若干台计算机（主机）。Internet 以相互交流信息资源为目的，基于一些共同的协议，并由许多路由器和公共互联网组成，它是一个信息资源和资源共享的集合。

因特网是世界上规模最大、覆盖范围最广的计算机网络。Internet 是将全世界不同国家、不同地区、不同部门的计算机通过网络互联设备连接在一起构成的一个国际性的资源网络。

我国于 1994 年获准正式接入因特网。目前，我国拥有 4 个国际线路出口的工业互联网络（主干网），即中国教育和科研计算机网（CERNET）、中国科技网（CSTNET）、中国公众互联网（CHINANET）和中国金桥网（CHINAGBN）。

（2）Internet 的接入方式

Internet 服务商（ISP）是专门为用户提供 Internet 服务的公司或个人，包括拨号上网服务、网上浏览、下载文件、收发电子邮件等服务。在中国，一般来说可选择的 ISP 主要有中国联通、中国电信、中国移动以及其他网络服务提供商。用户可以借助于 ISP，通过电话线、局域网以及无线方式将计算机及移动通信设备接入 Internet。

PSTN（电话线拨号）、ISDN 和 ADSL（非对称数字用户线）是目前使用较多的电话拨号接入方式，其中以使用 ADSL 接入方式居多。

单位或小区用户目前主要通过局域网接入 Internet，其中包括专线接入和代理服务器接入两种技术。

无线接入分为固定无线接入和移动无线接入两种类型。其中，固定无线接入主要是为固定位置的用户或仅在小范围区域内移动的用户提供无线通信接入服务的方式，其用户终端包括电话机、传真机或计算机等。移动无线接入主要针对笔记本式计算机、智能手机等移动终端设备。

3．万维网

万维网（WWW）是 World Wide Web 的简称，也称为 Web、3W 等。WWW 是基于客户机/服务器方式的信息发现技术和超文本技术的综合。WWW 服务器通过超文本标记语言（HTML）把信息组织成为图文并茂的超文本，利用链接从一个站点跳到另一个站点。万维网是 Internet 的一部分，它基于 3 个机制向用户提供资源。

① 协议。万维网通过超文本传输协议（HTTP）向用户提供多媒体信息。

② 地址。万维网采用统一资源定位符（URL）来标识 Web 上的页面和资源。URL 由通信协议、与之通信的主机（服务器）、服务器上资源的路径三部分组成。例如，http://www.lib.whu.edu.cn/web/default.asp 是访问武汉大学图书馆的 URL，其中的 http 代表协议，"://"是分隔符，www.lib.whu.edu.cn 是武汉大学图书馆的 Web 服务器的域名地址，/web/default.asp 代表路径。

③ HTML。HTML 用于创建网页文档。HTML 文件是由 HTML 标签组成的描述性的文本，以扩展名.htm 或.html 保存在 Web 服务器上。

4．IP 地址和域名系统

Internet 使用 TCP/IP 协议进行通信，该协议要求网络中的每台主机都有唯一的地址，包括 IP 地址与域名地址两种类型。

（1）IP 地址

Internet 中分配给每台主机或网络设备一个独一无二的二进制数字标识，称为 IP 地址，即 IPv4，其长度为 32 位，即最大地址个数为 2^{32}。IP 地址由网络标识和主机标识两部分组成。例如，一个采用二进制数字形式的 IP 地址是"11000000101010000000000100000001"。

对于 32 位的 IP 地址，一般用户处理起来是非常困难的，因此为了方便用户使用，将 32

位的 IP 地址按照每 8 位为一段分别转换成十进制，每段数字范围为 0 ~ 255，并使用小数点"."来连接各区段，上面给出的 32 位的 IP 地址就可以简单表示为"192.168.1.1"。

所有 IP 地址由国际组织 NIC（网络信息中心）负责统一分配。其中，ENIC 负责欧洲地区，APNTC 负责亚太地区，lnterNIC 负责美国及其他地区。

目前，IPv4 地址几乎耗尽，这与网络技术的飞速发展，以及数量巨大的信息化、智能化家电产品的使用极不相称。在这样的形式下，IETF（国际互联网工程任务组）设计了 IPv6 协议。IPv6 地址的长度为 128 位，即最大地址个数为 2^{128}，以替代 IPv4 协议。

考虑到因特网上的系统和设备非常之多，想要一次性从 IPv4 升级到 IPv6 是无法做到的。而要实现 IP 版本的升级，需要花费相当长的时间，且升级过程必须是相当平滑的，防止升级过程中出现任何问题。因此，在今后相当长的一段时间内，IPv4 将和 IPv6 共存，但最终还是会过渡到 IPv6。

（2）子网和子网掩码

在制定网络编码方案时，往往会遇到网络数量不够的问题，解决办法是将主机标识的部分作为子网编号，剩余的主机标识作为相应子网的主机标识部分。这样一来，IP 地址就划分为"网络"、"子网"和"主机"三个部分。

要确定 IP 地址中哪个部分是子网地址，哪个部分是主机地址，就需要采用子网掩码技术。子网掩码是一个与 IP 地址结构相同的 32 位二进制数字标识，其作用是屏蔽 IP 地址的一部分，以达到区分网络地址和主机地址的目的。

根据网络规模和应用的不同，IP 地址分为 A、B、C、D、E 五类，其中 A、B、C 三类网络的子网掩码分别为 256.0.0.0、256.256.0.0、256.256.256.0。

（3）域名系统

域名系统（Domain Name System，DNS）是 Internet 上解决网上机器命名的一种系统。就像拜访朋友要先知道别人家地址一样，Internet 上，当一台主机要访问另外一台主机时，必须首先获知其地址。由于数字型的 IP 地址不方便记忆，且难以理解，所以就采用了域名系统管理机器名字（域名）和 IP 地址的对应关系。

域名用字母（A~Z，a~z，大小写等）、数字（0~9）和连接符（_）组成，由申请人向各域名管理机构申请，域名的长度不能超过 20 个字符。如无特殊原因，建议采用申请人的英文名（或者缩写）或者汉语拼音名（或者缩写）作为域名，以保持域名的清晰性和简洁性。例如，whu.edu.cn 是一个域名地址，其中 whu 代表武汉大学，edu 代表教育机构，cn 表示中国。

域名的划分标准有多种，例如，按地域划分为国家域名和国际域名；按域名级别划分为顶级域名、二级域名和三级域名。

① 国家域名，又称为国内顶级域名（National Top-Level Domainnames，NTLDS），即按照国家的不同分配不同后缀，这些域名即为该国的国家顶级域名。有 200 多个国家和地区都按照 ISO 3166 国家代码分配了顶级域名，例如中国是 cn、美国是 us、日本是 jp。

② 国际域名，又称为国际顶级域名（International Top-Level Domainnames，ITLDS），例如表示工商企业的.com，表示网络提供商的.net，表示非营利组织的.org 等。

③ 二级域名。二级域名是指顶级域名之下的域名。在顶级域名之下，中国的二级域名又分为类别域名和行政区域名两类。类别域名共 6 个，包括用于科研机构的 ac；用于工商金融企业的 corn；用于教育机构的 edu；用于政府部门的 gov；用于互联网络信息中心和运行中心的

net；用于非营利组织的 org。而行政区域名有 34 个，分别对应于中国各省、自治区和直辖市。

5．计算机的网络标识

如果想查看当前计算机在网络上的名称及所处的工作组、IP 地址、网关、子网掩码等信息，可以按如下步骤进行。

① 在桌面上的"计算机"图标上右击，在弹出的快捷菜单中选择"属性"命令，打开"系统"窗口，如图 6-1 所示，其中显示了计算机在网络上的名称和所属工作组等信息。

图 6-1　"系统"窗口

② 单击任务栏"通知区域"中的"网络"图标，在弹出的菜单中选择"打开网络和共享中心"选项，打开"网络和共享中心"窗口，该窗口显示了可用网卡的状态。如果要对本机的连接状态进行重新配置，则可以单击"本地连接"链接，在打开的对话框中进行操作。

③ 在"开始"菜单中选择"运行"选项或按组合键【Win+R】，打开"运行"对话框，如图 6-2 所示，在"打开"文本框中输入 cmd 命令，单击"确定"按钮，打开命令行窗口。命令提示符后输入 ipconfig 命令，按【Enter】键确定，如图 6-3 所示，可以看到计算机的 IP 地址、子网掩码和默认网关等信息。

图 6-2　"运行"对话框

图 6-3　IP 配置

任务实施

1．任务分析

要完成此任务，需购置一台 TP-LINK 路由器以及用于连接设备的若干网线。

2．任务实现

1）线路连接

没有使用路由器时，计算机直接连接宽带上网，现在使用路由器共用宽带上网，则需要用路由器来直接连接宽带。根据入户宽带线路的不同，分为电话线、网线、光纤 3 种接入方式，可参照图 6-4～图 6-6 所示，连接 3 种方式的线路。

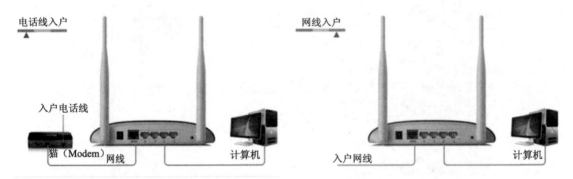

图 6-4   电话线接入线路   图 6-5   网线接入线路

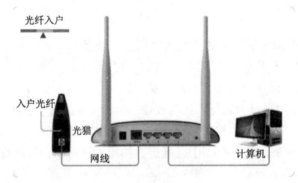

图 6-6   光纤接入线路

注意：宽带线一定要连接到路由器的 WAN 端口，WAN 端口的颜色一般为蓝色，与 LAN 端口（黄色）不同，网线可以连接 1～4 中任意一个 LAN 端口。

2）设置 IP 获取方式

设置路由器之前，需要将计算机设置为自动获取 IP 地址。具体步骤如下：

① 单击"任务栏"右侧"通知区域"中的"网络"，在弹出的菜单中选择"打开网络和共享中心"选项，弹出窗口如图 6-7 所示。

② 单击"本地连接"，如图 6-8 所示，打开"本地连接 状态"对话框。

③ 单击"属性"按钮，如图 6-9 所示，打开"本地连接 属性"对话框。

④ 选择"Internet 协议版本 4（TCP/IPv4）"选项，单击"属性"按钮，打开图 6-10 所示的"Internet 协议版本 4（TCP/IPv4）属性"对话框，选中"自动获得 IP 地址"单选按钮。

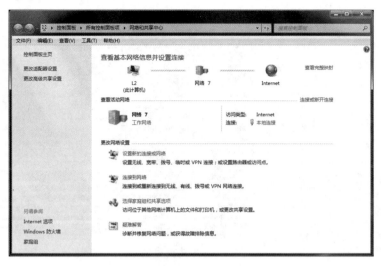

图 6-7　网络和共享中心

图 6-8　本地连接状态

图 6-9　本地连接属性

图 6-10　Internet 协议版本 4
（TCP/IPv4）属性

3）登录管理页面

（1）输入路由器管理地址

打开 IE 浏览器，在地址栏中输入路由器管理的 IP 地址（通常为 192.168.1.1），按【Enter】键确认。

注意：部分路由器需要输入管理用户名、密码，一般出厂时均为 admin。

（2）登录管理界面

初次进入路由器管理界面，为了保障用户的设备安全，需要重新设置管理路由器的密码。单击页面右下侧的"路由设置"，如图 6-11 所示，选择"修改管理密码"选项。如图 6-12 所示，在文本框中依次输入原登录密码、新登录密码和确认新登录密码，单击"保存"按钮，实现"管理员密码"的修改。一般情况下，此时会转到"登录"界面，如图 6-13 所示，输入刚刚设置的密码，单击"确定"按钮，如图 6-14 所示，进入管理员设置页面。

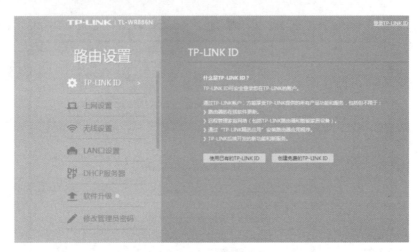

图 6-11 路由设置

图 6-12 修改管理员密码

图 6-13 管理员登录

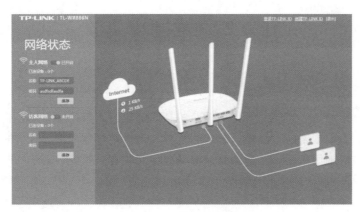

图 6-14　管理员设置

（3）路由设置

单击右下侧"路由设置"图形按钮，切换到"路由设置"页面，如图 6-11 所示。

① 单击左侧"上网设置"选项，在右侧"WAN 口连接类型"选项中选择"自动获得 IP 地址"，单击"更新"按钮，然后再单击"保存"按钮实现上网设置。

② 单击左侧"无线设置"选项，参照图 6-15，设置自己的无线上网数据，单击"保存"按钮完成设置。

图 6-15　无线设置

③ 单击左侧"LAN 口设置"选项，在右侧"LAN 口 IP 设置"选项中选择"自动（推荐）"，单击"保存"按钮，完成设置。

④ 单击左侧"DHCP 服务器"选项，在右侧"DHCP 服务器"选项中选中"自动"，单击"保存"按钮完成设置。

注意：设置结束后，若共享网络的功能没有实现，可重新启动路由器，一般就可以解决问题。

同步训练

参照任务实施过程，根据自己家里的实际情况，动手组建家庭共享网络。

任务 2　搜索共享资源

📺 任务描述

李某某，今年刚刚考入省内一所排名靠前的高职院校。入校第一学期，他们班就开设了计算机基础这门课，而他本来就对计算机非常感兴趣，很想学好这门课，在同家长沟通后，同意他购买一台笔记本电脑用于学习，但预算只有 4 000 元左右。因此，对于初学者的他决定通过"百度"寻求一份符合自己要求的计算机购置清单。

📖 相关知识

1. 浏览器

浏览器是指可以显示网页服务器或者文件系统的 HTML 文件内容，并让用户与这些文件交互的一种软件。用来显示万维网或局域网内的文字、图像及其他信息。浏览器是最常用的客户端程序，用于获取 Internet 上的信息资源。国内用户计算机上常见的网页浏览器主要有 IE 浏览器、Firefox 浏览器、极速浏览器、猎豹浏览器、傲游浏览器等。

2. 搜索引擎

搜索引擎（Search Engine）是为网络用户提供信息查询服务的计算机系统，也可以说是提供"检索"服务的网站，它根据一定的策略、运用特定的计算机程序从互联网上搜集信息，在对信息进行组织和处理后，为用户提供检索服务，将用户检索的相关信息展示给用户的系统。常见的主要有百度、搜狗、新浪等搜索引擎。

百度搜索是目前全球最大的中文搜索引擎，也是全球最优秀的中文信息检索与传递技术供应商之一，中国所有具备搜索功能的网站中，由百度提供搜索引擎技术的超过 80%。

🖥 任务实施

1. 任务分析

要完成本任务，需要进行以下操作：

① 启动浏览器（如 IE 浏览器）。

② 打开搜索引擎，输入查找内容（如百度）。

③ 浏览搜索结果页面，比对商品，确定购置对象。

2. 任务实现

（1）启动浏览器

双击桌面上的 IE 浏览器图标，如图 6-16 所示，打开 IE 浏览器，进入 IE 浏览器的主页，如图 6-17 所示。

注意：IE 浏览器的主页可以在"工具"→"Internet 选项"中进行更改，本任务设置主页为"hao123"的主页。

图 6-16　IE 浏览器

图 6-17　IE 浏览器主页

（2）打开搜索引擎，搜索关键字

如图 6-17 所示，在"百度"搜索栏中输入"笔记本电脑 4000 元"这一符合需求的关键字，按【Enter】键确定，出现图 6-18 所示的搜索结果。

图 6-18　搜索结果

注意：如果浏览器的主页没有提供"百度搜索"功能，也可以直接在浏览器地址中输入百度搜索的主页 http://www.baidu.com，按【Enter】键确认后，跳转到百度网站再输入感兴趣的关键字。

（3）浏览搜索结果，确定目标页面

单击符合需求的各个链接地址，转到对应页面进行浏览。初步确定"太平洋电脑网"作为目标页面，跳转到浏览页面内容，如图 6-19 所示。

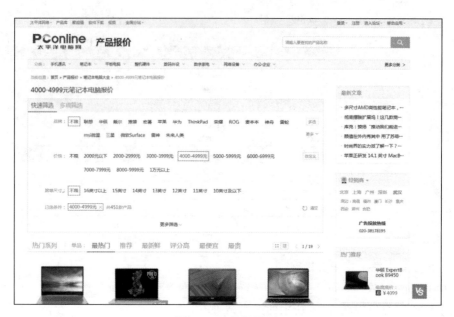

图 6-19　目标页面

（4）对比商品，确定购置对象

经过一段时间的比对，初步确定了笔记本电脑的品牌和型号，如图 6-20 所示。

图 6-20　笔记本电脑参数

注意：本任务只是一个示例过程，最终确定的商品并不一定符合实际需求。另外，上网购物应该谨慎，多看看，多问问，多想想。当地一般都有品牌笔记本电脑的专卖店，有时间的话可以带着同学一起去看看实物，亲自用一下，感受一下，再决定是否购买。

同步训练

自己使用的华硕笔记本电脑（型号为华硕 k45v）的电池已老化，急于购置一个新的电池，结果发现对应的型号早已停产，于是决定上网求购一个兼容型号的电池，价格在 100~200 元之间，商家至少保证能使用 1 年以上。

任务 3　使用百度云盘分享资源

任务描述

注册一个百度网盘账号，上传自己的生活照片，分享给自己的好友。

相关知识

1．大数据

数据已经渗透到每个行业和业务领域，与人们的生活密切相关。21 世纪随着互联网技术的发展，数据更是引起越来越多人的注意。数十亿的用户、数百万的应用程序促进了互联网数据的膨胀式发展，互联网世界中面向人际互动、人机互动等音频、图像／视频、文档等大规模数据的聚集和交换形成了所谓的"大数据"（Big Data）。物联网技术进一步使实物商品、实物资源等被感知、被联网，形成大规模的物联网数据。

维克托·迈尔·舍恩伯格在《大数据时代》一书中前瞻性地指出，大数据带来的信息风暴正在变革着我们的生活、工作和思维，大数据开启了一次重大的时代转型。大数据时代最大的转变就是，放弃对因果关系的渴求，取而代之关注相关关系。也就是说只要知道"是什么"，而不需要知道"为什么"，这颠覆了千百年来人类的"思维惯例"，对人类的认知和与世界交流的方式提出了全新的挑战。

2．云计算

云计算（Cloud Computing）是一种基于互联网的超级计算模式，在远程的数据中心里，成千上万台计算机和服务器连接成一片计算机云。因此，云计算甚至可以让你体验每秒 10 万亿次的运算能力，拥有这么强大的计算能力可以模拟核爆炸、预测气候变化和市场发展趋势。用户通过计算机、手机等方式接入数据中心，按自己的需求进行运算。

3．云存储

云存储是在云计算概念上延伸和发展出来的一个新概念，是为了解决人们对数据存储的需求推出的一种新兴的网络存储技术，通过集群应用、网络技术或分布式文件系统等功能，将网络中大量各种不同类型的存储设备通过应用软件集合起来协同工作，共同对外提供数据存储、访问、备份、共享功能的一个系统。

4．百度云

百度云是百度公司推出的一款云服务产品。通过百度云，用户可以将照片、文档、音乐、通讯录数据在各类设备中使用，在众多朋友圈里分享与交流。

任务实施

1．任务分析

要完成本任务，需要进行如下操作：
① 注册并登录百度网盘。
② 上传文件到百度网盘。
③ 设置文件链接，分享文件。

2．任务实现

（1）注册百度网盘

① 在浏览器的地址栏中输入"http://pan.baidu.com/"，打开"百度网盘"登录注册界面，如图 6-21 所示。

图 6-21　百度网盘首页

② 单击"立即注册"按钮，进入"注册百度账号"界面，如图 6-22 所示。

③ 按要求输入信息后，勾选"阅读并接受《百度用户协议》及《百度隐私权保护声明》"选项，再单击"注册"按钮，即可完成注册。

（2）上传文件到自己的百度网盘

① 打开登录百度账号界面，输入注册时的用户名和密码，如图 6-23 所示，进入自己的百度网盘界面，如图 6-24 所示。

图 6-22　注册百度账号

图 6-23　百度账号登录

图 6-24　百度网盘界面

② 单击"新建文件夹"按钮，输入名称"我的照片"并确定。单击打开"我的照片"文件夹，再单击"上传"按钮，在弹出的对话框中选择要上传照片的位置，确定要上传的照片后，单击"打开"按钮，完成照片上传。

注意：存储在网盘中的文件具有完善的数据备份和安全机制，相比较而言，文件不易丢失。

（3）分享百度网盘中的文件

① 勾选要分享的照片，单击页面上端的"分享"按钮，如图 6-25 所示，打开"分享文件（夹）"对话框。

② 选择分享方式为"发给好友"，如图 6-26 所示，选择好友，单击"分享"按钮，实现照片的分享。

图 6-25　分享文件（夹）对话框

图 6-26　分享文件

同步训练

学校摄影俱乐部近期将举办一场"防疫抗疫从我做起"的微视频展，如果你有兴趣也有实力，就和伙伴们一起制作一款展现自我风采的微视频吧，记得要上传到百度网盘和大家一起分享。

任务 4　使用 Outlook 发送电子邮件

任务描述

某业务经理与客户经过多次网上协调后确定了合作意向。客户提出在进行交易前需确认双方的合同文本，该经理便将拟订好的合同电子文档以电子配件的方式发给客户。

相关知识

1. 电子邮件服务简介

（1）电子邮件服务系统简介

电子邮件服务系统是基于客户端/服务器工作模式的。电子邮件服务器是电子邮件服务系统的核心，它的作用与人工邮递系统中邮局的作用非常相似。电子邮件服务器一方面负责接收用户发送的邮件，并根据邮件的收件人地址，将其传送到对方的邮件服务器中；另一方面负责接收从其他邮件服务器发来的邮件，并根据收件人的地址将邮件分发到各自的电子邮箱中。

在电子邮件系统中，用户发送和接收邮件需要在客户机上使用电子邮件客户程序来完成。Outlook Express 就是电子邮件客户程序的一种。电子邮件客户程序一方面负责为用户创建邮件，并将用户发送的邮件传送到邮件服务器；另一方面负责检查用户在邮件服务器中的邮箱，并读取及管理邮件。

（2）电子邮件地址

电子邮件地址就是电子邮箱地址。电子邮箱实际上是邮件服务器为每个用户开辟的一个存储用户邮件的存储空间，它需要用户在邮件服务器上注册申请得到，具备账号与口令。只有合法的用户才能打开电子邮箱中的邮件。

电子邮件地址的一般形式为：用户邮箱名@邮件服务器域名。其中，用户邮箱名是用户在邮件服务器上注册的账号。例如，电子邮件地址 john@ 163.com，表示用户在域名为 163.com 的邮件服务器中注册的邮箱 john。

2．电子邮件传输协议

在 TCP/IP 互联网中，邮件服务器之间使用简单邮件传输协议（SMTP）相互传递电子邮件。而电子邮件客户程序使用 SMTP 向邮件服务器发送邮件，使用第 3 代邮局协议（POP3）或交互式电子邮件存取协议（IMAP）从邮件服务器的邮箱中读取邮件。

任务实施

1．任务分析

要完成本项工作任务，需要进行以下操作。

① 启动 OutLook 2010。

② 根据启动向导完成首次配置。

③ 创建并发送邮件。

2．任务实现

（1）启动 Outlook 2010

执行"开始"→"所有程序"→Mircosoft Office→Microsoft Outlook 2010 命令，即可启动 Outlook 2010。第一次启动 Outlook 2010 时，Outlook 2010 系统会自动运行启动向导，如图 6-27 所示。

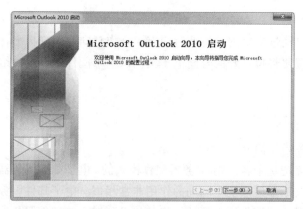

图 6-27　Microsoft Outlook 2010 启动向导

（2）按启动向导完成初次运行的配置操作

① 在 Outlook 2010 向导对话框中，单击"下一步"按钮打开"账户配置"对话框，如图 6-28 所示。

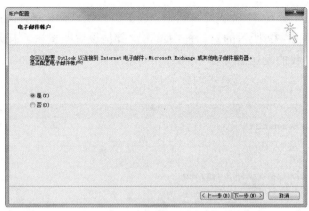

图 6-28　配置电子邮件账户

② 因为要进一步配置电子邮件账户，实现对电子邮箱的管理，所以选中"是"单选按钮，并单击"下一步"按钮，打开"添加新账户"对话框，如图 6-29 所示。

图 6-29　添加新电子邮件账户

③ 在"添加新账户"对话框中输入姓名、注册申请的电子邮件地址、服务器信息和登录信息。其中，服务器信息可以通过邮件服务器提供的帮助信息或个人邮箱的设置信息等方式获得。单击"下一步"按钮，Outlook 2010 开始自动配置，如图 6-30 所示。

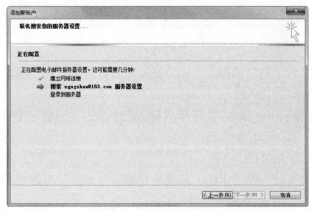

图 6-30　自动配置

④ 配置完成后打开图 6-31 所示的对话框，选中"手动配置服务器设置"复选框，单击"完成"按钮，在弹出的图 6-32 所示的对话框中单击"其他设置"按钮，打开"Internet 电子邮件设置"对话框，选中"我的发送服务器（SMTP）要求验证"复选框，如图 6-33 所示，单击"确定"按钮。

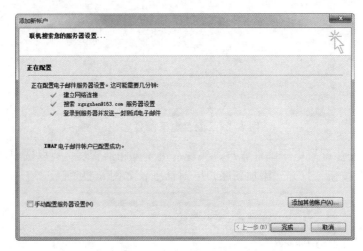

图 6-31　电子邮件账户配置成功

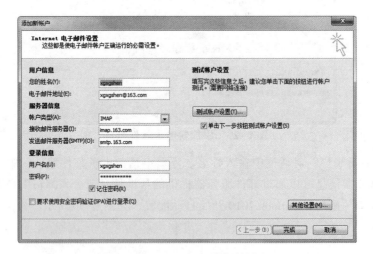

图 6-32　Internet 电子邮件设置

⑤ 返回如图 6-32 所示的对话框，单击"测试账户设置"按钮，测试成功后系统显示相应的信息，如图 6-34 所示。

⑥ 单击"关闭"按钮，在图 6-32 所示的对话框中单击"完成"按钮，就完成了电子邮件账户的添加操作。

（3）创建并发送电子邮件

在 Outlook 2010"开始"选项卡的"新建"功能组中单击"新建电子邮件"按钮，即可打开创建新邮件的窗口，如图 6-35 所示。

图 6-33　"Internet 电子邮件设置"对话框

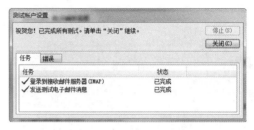

图 6-34　"测试账户设置"对话框

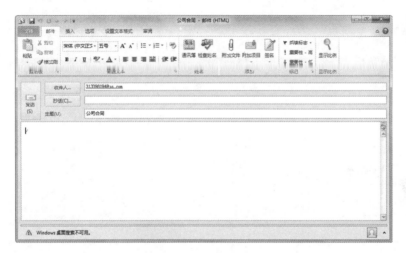

图 6-35　创建新邮件

在新邮件中，用户要填写"收件人"的电子邮件地址和邮件"主题"的内容。"抄送"及下方的邮件具体内容有时可以省略。"抄送"是指将邮件发送给收件人的同时，也发送给抄送人，在"邮件"选项卡的"添加"功能组中单击"附加文件"按钮可添加附件。

新邮件创建完成后，单击"发送"按钮，则 Outlook 2010 将邮件先保存到"发件箱"中，然后将其发送到 SMTP 邮件服务器，并传送到收件人的电子邮箱中。

同步训练

在自己所知道的电子邮件服务网站完成一个电子邮箱的申请工作，然后为班级申请一个公共邮箱。另外，要求每名学生向公共邮箱发送电子邮件。要求主题为"学号+姓名"，并插入一个附件，附件命名为"自我简介.txt"。"自我简介.txt"文件中包含学号、姓名和 100 字左右的自我介绍。